# 私、食虫植物の奴隷です。

木谷美咲

# はじめに



食虫植物に出会ったのは忘れもしない二〇〇五年、今から九年も前になります。それまでは食虫植物と無縁の暮らしをしていたのが、ハエトリソウにひと目惚れをして、以来すっかり食虫植物に惚れ込み、日本食虫植物愛好会に入会し、食虫植物を栽培し、食虫植物の自生地に行き、食虫植物の本ばかりを読み、二〇〇八年には『大好き、食虫植物。』を上梓し、食虫植物の小説を書き、今にいたるまで、食虫植物漬けの生活でした。

食虫植物を中心に日々を送るうちに、ふと食虫植物を知らないひとの気持ちがわからなくなってきたことに気づきました。

「食虫植物ってなに？」と聞かれると

「食虫植物ってなに？ってどんな意味だっけ？」

と、亜空間《あくうかん》に放り込まれたような感覚に陥《おちい》るようになっていたのです。

マズイです。このままでは、食虫植物を世に広く普及《ふきゅう》していくことは叶わず、閉じられた世界の住人になってしまいます。ジャーナリストであれば、足掛け九年にわたる取材ということになりますが、取材ではなく、我を忘れた日々になっているのです。

そこで一念発起《ほっき》しました。

ここで九年の歳月《さいげつ》を振り返り、狂おしくも楽しい食虫植物との日々、そしてマニアとの交友録《こうゆうろく》を、食虫植物を知らない皆様にお伝えしたいと思います。

そして、食虫植物が大好きな皆様へ、愛をこめて。

木谷美咲

# 主な登場人物

**救仁郷さん**
東海食虫植物愛好会を牽引しているひとりで、いかめしい外見とは裏腹に、親切な人柄で、食虫植物の普及を願ってやみません。

**酒室さん**
サラセニアマニア。産地と原種にこだわる、原理主義者です。穏やかな性格ですが、時にピリッと鋭いコメントを。

**木谷**
この本の作者です。2005年に食虫植物と出会って以来、食虫植物の魅力に耽溺し、食虫植物漬けの日々を送っています。

**葉っぱさん**
植物マニアの女性。食虫植物のみならず、植物全般をこよなく愛しています。

**ありちゃん**
幼馴染みにして、友人のイラストレーター。食虫植物のキャラクター「ハエトリくん」を世に生み出しました。

**狂さん**
食虫植物マニアの大先輩にして、ポニーテールの怪人。パワフルな性格で、即売会を積極的に行っています。

**田辺さん**
日本食虫植物愛好会の会長。税理士であり、マジシャンであり、多彩な才能をもっています。

**大阪屋さん**
関西の若大将。関西の食虫植物探索会を主宰し、東京、大阪、東海と食虫植物のイベントや自生地に神出鬼没に現れます。

**中村さん**
マッドサイエンティスト的球根モウセンゴケ栽培の名手。γ線をモウセンゴケの種に照射し、品種改良しています。

**浅井さん**

自生地の鬼。自生地探索には、サンダルというラフなスタイルで登場します。

**シマさん**

山野草、食虫植物マニア。国産の食虫植物、自生地探索が好きで、シャイな性格です。

**大谷さん**

食虫植物の専門業者大谷園芸の園主です。穏やかで飾らない性格のため、子供（主に少年）に人気。

**土居さん**

兵庫県立フラワーセンターの栽培技師さん。ウツボカズラ栽培名人です。

**こち亀さん**

べらんめえ口調が特徴の江戸っ子食虫植物マニア。食虫植物の自生地を案内してくれます。

**銀河隊長**

尾瀬湿原を愛する、不器用かつ優しき山男。面倒見がよく、食虫植物の自生地探索を生き甲斐にしています。

**ムシモアゼルギリコさん**

昆虫料理愛好家。ゴキブリ粥や青虫弁当で世間を驚かせたほか、『むしくいノート』（カンゼン）という昆虫料理の本を上梓しました。

**おはじきさん**

訥々、飄々とした食虫植物マニア。自生地の食虫植物の研究に余念がありません。

**橋本さん**

食虫植物研究会の幹部。マッチョでいかつい外見ですが、穏やかです。

目次



## 栽培編　狂おしくも楽しい、食虫植物との日々

## 交流編　マニアと、愛する食虫植物に囲まれて過ごした日々

# 栽培編……………狂おしくも楽しい、食虫植物との日々

# 10 虫を食べる植物は、なぜこんなに魅力的なのか

私は食虫植物が大好きです。

食虫植物に出会ってから九年間、私の人生は食虫植物とともにありました。

なぜ、そんなに好きか。少し考えてみたいと思います。

食虫植物とは、読んで字のごとく、虫を食べる植物のことですが、それが魅力《みりょく》のほぼすべてです。

植物なのに虫を食べてしまう。不思議《ふしぎ》で面白いです。

虫を食べる機能のために形が変わっていて、二枚貝状《にまいがいじょう》の罠《わな》をもつ**ハエトリソウ**、ツボの形をした**ウツボカズラ**、筒《つつ》状の**サラセニア**、葉に腺毛《せんもう》を生やし粘液《ねんえき》を分泌《ぶんぴつ》してかがやく**モウセンゴケ**、スミレのような花を咲かせる**ムシトリスミレ**、地中で虫を捕《と》る**ミミカキグサ**、水に浮かび水中の生物を挟んで捕える**ムジナモ**など600種類以上があり、そのどれもが当たり前ですが、虫や小動物などを捕えるのに応じた形をしています。

今目の前に、食虫植物の代表格、**ハエトリソウ**の鉢《はち》があります。

美しく真っ赤に色づき、ぱっくり口を開けた捕虫トラップ、縁《ふち》取る歯のようなトゲ、目のない雛《ひな》鳥《どり》が、地面から、いっせいに口を開けている様にも見えます。

ダンゴムシを指でつまんで、**ハエトリソウ**の口に放り込んでみます。逃げようと走るダンゴムシを制して、あっという間に葉は閉じ、トゲが上下から合わさり、虫の檻《おり》になります。忍者屋敷《にんじゃやしき》のトラップのようでもあります。

**ハエトリソウ**が植物なのに、なぜこんな風に虫を捕まえられるかというと、葉の内側にある感覚《かんかく》毛《もう》とよばれるトゲに二回以上ふれると、閉じる仕組みになっているからです。虫を捕えた**ハエトリソウ**は時間をかけて、虫の体液を搾《しぼ》り取り、消化吸収し、自身の栄養にします。

食虫植物は「生きている」感を、強く見る者に訴えます。

## 私は、そもそもいきものが捕食《ほしょく》するところを見るのが、好きです。

子供の頃は、親がアフリカツメガエルを飼っていて、餌《えさ》を食べるところを見るのがとても好きでした。アフリカツメガエルの餌は、イトミミズやメダカです。小学校から帰るなり、ランドセルを放り出して、水槽《すいそう》にへばりついて見ていました。

前足で器用に泳いでいるメダカを捕まえて、ほおばるのです。アルビノで血管が浮いた白い体で、人のように二本足で立ったカエルが、魚を前足でつかむ様子は、子供心には神秘《しんぴ》的で、胸を打つ光景でした。

大人になった今は、食虫植物が捕食するところを見ているのです。**ハエトリソウ**にかぎらず、**モウセンゴケ**がチョウやガガンボを、粘液いっぱいの葉で捕え、巻き付けて締めあげる姿、**ウツボカズラ**の消化液の中で溶けかかったハチやハエを見ると「ああ、生きているんだ」と思います。人によっては気味が悪い姿かもしれません。でも私は、この異形《いぎょう》さが愛《いと》おしくてたまりません。

食虫植物からは、強者が弱者を蹂躙《じゅうりん》している印象は受けません。戦略をもって、生態系のピラミッドの上位にあたる強者を倒しているところが好むところであります。

植物は、他の生物に食べられることも多いでしょう。食べられることの多い植物が、逆に虫を食べる、反逆《はんぎゃく》性、復讐《ふくしゅう》心（あるかどうかはわかりませんが）に、自分を重ね、応援したくなるのです。

なんて、食虫植物が好きな理由を色々あげましたが、本当は、なぜこんなに好きなのか、結局のところわかりません。理由は、いくらでも後づけできますが、ひとつひとつ、つまみあげてみると、どうもそれだけではない、わからないけど、惹《ひ》かれる何かが残るんです。

## わからないけど、好き。

だから、食虫植物はロマンなのです。

食虫植物の栽培をほぼ辞《や》めてしまった方から「なんで、そんなにモチベーションが続くの?」と聞かれました。

これも、わかりません。わからないから、続くのです。

もし、なぜ好きかはっきりわかった時は、これほどまでに好きではなくなるのかもしれません。

私は、この食虫植物という不思議ないきものを育てることで、他者（者ではなく、食虫植物なので、もはや他生物ですが）という異質な存在を、色濃く感じています。植物は、人間とまったく違うので、自分と大体同じモンだろうという勘違《かんちが》いと幻想《げんそう》を招くこともありません。

私と他者の間に横たわる、深くて暗い溝《みぞ》。

## 私と他者はけっしてわかりあえない。

これは、人間と植物に限ったことではなく、人間同士でも一緒です。でも、わかりあえないことを理解するのは、わかろうとする第一歩。ディスコミュニケーションは、コミュニケーションのはじまりです。

どうにもならない他者が存在することによって、「私」の存在がくっきりと豊かになるのです。

だから、私は何度でも、他者に会いにいきたい。枯らしては泣き、それでも、立ちあがり、奇跡的なつながりを求めて、何度でも食虫植物と関わるのです。

# ラベルを探して三千里

## 園芸ラベルの悲劇……①



園芸ラベルってご存じでしょうか？　食虫植物マニア、いや植物マニアにとって、園芸ラベルは命です。

もちろん植物を育てている方にはおなじみだと思いますが、マニア度が高いほど、ラベルに書く内容は詳しくなり、間違いは許されません。**サラセニア**を例に出すと、「Sarracenia flava "Green s wamp, Brumswick Co., NC; From Best Carnivorous Plants"」というように、学名、産地、購入先のほか、入手した年なども書かれます。仲間内で買った場合には、売った相手の名前を書くこともあります。（同じ種類でも、系統が違うものもあるので）

微妙《びみょう》な違いを楽しむ趣味《しゅみ》なので、同じ種類の産地が違うものだけを集めたりと、非常に濃いです。目先がミクロに、ミクロに……と入っていきそうです。

さて、こんなに大事なラベルのことで、起きた悲劇《ひげき》のお話をしましょう。夢の島熱帯植物館で、日本食虫植物愛好会の即売会の手伝いをすることになった時のことです。ここは食虫植物の常設展示もあり、毎夏に即売会が催されます。この時は、夢の島ベアフットフェスティバルというお祭り

で、開催期間の二日間は、植物園の入園が無料（！）色々な出店の一つで参加しました。**モウセンゴケ**栽培の神様から苗を仕入れ、いざ売らんとした前日になって、私は園芸ラベルが切れていることに気づきました。

さて、どこで買ったらいいのだろう？と思いました。今までは、集会でマニアの人からラベルを買っていたので、正規《せいき》ルートで買ったことはなかったのです。

くわしい人たちが周りにたくさんいるのだから、聞けばいいものを、私がとった行動はなぜか「文房具屋めぐり」でした。なんだか、文房具屋に置いてある気がしたのです。名札や商品プレートが売っていることから連想したのでしょう。

いくつか文房具屋を回りましたが、どこにもないので、ついには大きな文房具専門店にまで行きました。そこが併設している園芸資材売り場に園芸ラベルがあることに、ようやく気づきましたが、時すでに遅く「園芸ラベル」と書かれたコーナーの中にある商品はゼロ。そして、時間自体も遅く、今から園芸品店を回ろうと思っても、どの店も閉店の時刻でした。

こんなに探しているのに、なぜないんだ!!

夢の島ベアフットフェスティバルの即売会の様子です（上）

がっくりと地に手をつきたいほど、意気消沈《いきしょうちん》したのですが、周りの人たちは私がラベルを探して三千里《さんぜんり》になっているとは夢にも思わなかったことでしょう。

悩んだ挙げ句に、代わりになりそうなものを買い、種名と値段を書きこみ、ひとつずつ苗にさしました。

即売会当日、会長の田辺さんが「カラフルな（園芸）ラベルだね。こういうの、女の子っぽくていいんじゃない?」と、わがラベルを指して、言いました。わがラベルには、オレンジ、黄、紫と色のバリエーションがあったのです。

お客さんの入りは盛況で、販売所には充実した品種が並びます。

夕方になって「植物が乾いてきたね。水をやろう」と、みんなで霧吹きでしゅわーっと葉に水をかけました。

すると、わがラベルだけ気が抜けたように、へなへなとおじぎをするではありませんか。他の人の園芸ラベルは水にぬれても、当たり前ですが、しゃんとしています。

私は恥ずかしくなり、全力でラベルを回収しました。食虫植物は常にぬれた環境にするので、園芸ラベルは厚紙ではダメなのです。いや、どんな植物の園芸ラベルでも、やっぱりダメです。

わー、なんで厚紙にしようなんて思いついたんだろう。思考回路《しこうかいろ》のどこかに、なにかつまっているに違いないのです。

すべての苗からへろへろになったラベルを回収し、次の日は、すべて口頭《こうとう》で伝えることにしました。話すのは苦手ではないのだから、はじめからこうすればよかったのです。

つくづく恥ずかしいのは、回収する前に売れてしまった苗。すみません、なんで厚紙なんだとおどろかれたことでしょう。犯人は私です。

カラフルなのはいいのですが……。

## 水槽でウツボカズラを育ててみる

夢の島熱帯植物館で**ウツボカズラ**の**ダイエリアナ**を大量に買い、秋から冬にかけて枯らしたあと、性懲《しょうこ》りもなく、今度は食虫植物の専門業者・大谷園芸さんから、**アンプラリア**と**グラキリス**を買いました。

**アンプラリア**は、ころんとした丸形の捕虫袋がかわいい。色も赤、緑、赤茶色のまだらとあり、襟《えり》の部分だけ緑になるものなどバリエーションがあります。まだら模様《もよう》は、ウズラの卵の柄に似て魅力的《みりょくてき》です。グラキリスは、細長い形の捕虫袋がたくさんつき、これまたカッコイイです。

**アンプラリア**も、**グラキリス**も、**ダイエリアナ**と同じく、あたたかいところで育つ食虫植物で、最低気温十五度以上ないと、冬を越すことができません。加温できる温室がなければ、どだい育てられる植物ではないのです。

しかし、今回私には「策」がありました。

**アンプラリア**と**グラキリス**は両方小型で、五～十センチのピッチャーしかつきません。このふたつを水槽に入れて育てるのです。しかも、ただの水槽ではありません。

水槽の中に水を張り、そこにサーモヒーターを入れて温め、土台を組んで、その上に**ウツボカズラ**の鉢を置くのです。温室をもてる敷地がないベランダーにも、できる栽培法です。

すばらしいアイディアですが、私が考案《こうあん》したわけではなく、日本食虫植物愛好会のウェブサイトに載っていたのを見たのです。記事を見て、まずは、ホームセンターで水槽を購入しました。

家の中に水槽を置き、ヒーターを設置し、深さ十五センチくらい水を投入しました。思えば、私の家は父親が熱帯魚をしこたま飼っていました。家中熱帯魚だらけで、家の二階が重みでたわんでいました。祖父はサボテンハウスをもつサボテン狂《きょう》でした。血は争えないのでしょうか。

しばし感慨《かんがい》にふけったあと、同じくホームセンターで購入した物を置くためのラックを、鉢の足場にするために入れます。

ところが、ラックが軽いのか、ぷかぷか浮きあがってしまいます。

難儀《なんぎ》な思いで、浮き上がる足場を、手でなんとかおさえながら、ウツボカズラの鉢を置くと鉢の重さで浮かなくなりました。スペースがあまったので、ついでにモウセンゴケの一種である**ドロセラ・アデラエ**の大鉢も置きました。

サーモヒーターの熱で、水槽内があたためられ、蒸発した水分により湿度も保たれます。**ウツボカズラ**の草丈が高くなって、水槽から飛び出るようであれば、上の部分を切って、挿し木にすると

水槽で育つありし日の
ウツボカズラ。

よいそうです。はじめて、食虫植物のために投入した大掛かりな設備に、すっかり満足しました。

水槽の**ウツボカズラ**は、その後順調に育ち、少し経ったある日、**アンプラリア**の葉の先からひゅっと出たつるの先端に、ちいさなふくらみがついていました。そのふくらみが時間をかけてじょじょに大きくなり、袋状に変化するではないですか!今まで袋になったものしか見たことがなかったのですが、ふくらんでいく様子を、じっくり見ることができました。

ああ、こんな風になるんだ。感激です。しかし、袋には口がなく、虫を捕る場所がありません。しばらくすると、袋の上の方にフタのようなのがついているのがわかるようになりましたが、まだフタは閉じています。見守っていると、フタがだんだんと袋から分離し、開きそうになってきました。さらに時間が経つと、ちゃんとフタが開きました。まるで熟《う》れて、種を出すためにはじける果実のようです。

**アンプラリア**はぽっかりと丸い口を開けています。その姿のかわいいこと♡はじめて、**アンプラリア**がツボをつけたのです。

## ニュー袋、ばんざい!

袋の中をのぞくと、できたてのピュアな消化液《しょうかえき》で満ちています。これで、いつでも虫を捕れるねと、袋と握手したくなりました。

これまでも**ウツボカズラ**が好きだったのですが、目の前で袋をつけたのを見ると、

アンプラリアのニュー袋ができたところです(上)

いっそう愛おしい気持ちがつのります。

ところが冬を越し、春がきて、夏になるあたりから、じょじょに調子が悪くなってきました。葉が、茶色くしおれるようになってきたのです。

春先に水槽の天井を突き破るぐらいの勢いで伸びた**グラキリス**も頭打ちです。夏は暑すぎるのだろうか？ 外気温の方が高いから水が蒸発《じょうはつ》せずに湿度が下がってしまったのだろうか？ などと色々考えましたが、よくわからないままあれよという間に、ふたつとも茶色く腐《くさ》ったように枯れてしまいました。枯れたウツボカズラの横で、**アデラエ**だけが元気に粘液をかがやかせていましたが、**アデラエ**はヒーター入りの水槽でなくても育つし、とがっくり。

枯れてしまった**ウツボカズラ**の水槽を前にして、はっと気づきました。

季節が変わって、太陽の高さが変わり、水槽にあまり日が差し込まなくなっていたのです。水槽には蛍光灯が入っていましたが、それでは足りなかったようです。季節が変わるとともに、水槽も動かさないといけなかったか、もしくは、よく日が当たる場所へと、馴化《じゅんか》して出し、また秋から冬にかけて水槽で育てるというサイクルにすればよかったのです。

ウツボカズラの自生地写真や、他の人が育てている魅力的な捕虫袋を見ると、やっぱり育てたいと思うのですが、満を持して育てたウツボカズラを枯らしてしまったショックは大きく、もう一度水槽で管理する気力もわかず、以来、ウツボカズラを育てるのは辞めたままです。

また気力が回復するまで、
TO BE CONTINUED!!

## われこそは食虫植物ベランダー

食虫植物は、湿気を好む種類が多いです。特に**モウセンゴケ**は湿度が高く、変化の少ない穏《おだ》やかな環境が好きで、多肉《たにく》植物が好む横から風が当たるような、厳しい環境は嫌いなようです。

これまで、私はベランダに棚を置いて、育てていました。

ベランダで園芸をする人を、いとうせいこうさんが「ベランダー」と名づけていますが、私の場合は「食虫植物ベランダー」です。戦隊《せんたい》ヒーローのタイトルのようですね。食虫植物ベランダー・ファイブとか。

それはさておき、ベランダは風が当たり、乾燥しやすい。**ハエトリソウ**の生育は悪くなかったのですが、**モウセンゴケ**の粘液はあまり分泌されませんでした。きらきらと粘液のかがやかない**モウセンゴケ**は、魅力半減ですし、あまり調子が良くないということです。

どうしたら、粘液がよく出るようになるのかな。

試しに、他のマニアがやっているように、小さな水槽の中に**モウセンゴケ**類を置いて育てたところ、葉が瑞々《みずみず》しくなり、粘液をよく出すようになったのです。

いいぞ。もっと良いものを導入《どうにゅう》すれば、もっと彼らの調子がよくなるのではないか。そう思って、春にホームセンターで、特価品の三段棚付き小型温室を購入しました。

食虫植物に出会っていなければ、小型温室を買うこともなかったでしょう。

ごくごく小型の簡易《かんい》ビニール温室で、棚全体にビニールシートがおおいかぶさったシロモノです。横九〇センチ、奥行き三〇センチ、高さが一三〇センチ。ドレッサーくらいの大きさがあります。チャックで、開け閉めができ、保湿、保温に効果があります。

ベランダに小型温室を置きましたが、床に段差があり、棚が少しななめになってしまいました。

## でも、細かいことは気にしません。

一番上の棚に大きな受け皿を置き、腰水《こしみず》用（注：鉢底から給水させるために受け皿などに水を張り、そこに鉢を置くこと）に水を張って**モウセンゴケ**類を入れました。二段目には、**ムシトリスミレ**の仲間たちです。一番下には、倒れないように用土の大袋と休眠《きゅうみん》中の鉢を置きました。

まるで、食虫植物の三段ベッドのようです。

小型温室いっぱいにつまった食虫植物を見ると、夢もいっぱいにふくらみます。また、期待に応えるように、**モウセンゴケ**の葉から、粘液もぶりぶりとよく出ているのでした。

「これで、**モウセンゴケ**をよく育てちゃうぞ」

しばらくして、腰水用の水が減りにくいことに気づきました。ビニールの中が曇《くも》り、中がいつでも湿潤《しつじゅん》なようです。チャックを開けると、土のよい匂いがして、いつまでも嗅《か》いでいたくなります。すーっとした匂いです。

夏が来て、秋が来て、いよいよ冬本番。小型温室の本領発揮《ほんりょうはっき》です。チャックを開けると、あたためられていた空気が出てきて、保温もできているのだなと実感できました。**モウセンゴケ**も嬉しそうに（?）粘液をたくさん出しています。

すると、外に置いておいたほかの鉢から、

「寒いよ。かわくよ。中に入れてよ」と、言われているような気がしてきました。

「中に入りたい?」と、心の中で聞きます。

「風に当たって寒いよ、入りたい」と答えた気がします。あっそう、やっぱり。そうだよね。なんて、ひとりごとを言いつつ、だんだんあやしい人間になる悦《よろこ》びを感じます。

「**ハエトリソウ**はどうする?」

「入れてくれよ」

「ほんじゃ、中においで」

「ヒャー。助かる」

なんて、一人二役でしゃべりながら、ほかの鉢をビニールの家に入れていきました。

小型温室の最上段です。

うちのベランダにしては比較《ひかく》的、大きなブツだったのですが、こんな調子で、新しく買った食虫植物まで次々に入れていたら、あっという間にいっぱいになってきました。

限られたスペースに数を絞《しぼ》って、お気に入りの食虫植物だけを育てるのも、よい手ではあります。でも、限られたスペースだからと数を絞るマニアには、ほぼお目にかかったことはありません。

私もご多分に漏《も》れず、腰水用の受け皿を見て、デッドスペースがあるなと思いました。受け皿と受け皿の間に、無駄なスペースが生じてしまっていたのです。ここをなんとかしないと。いったん気づいてしまうと、ひどく損をしているように感じて焦ります。

食虫植物の集会で色々な人に、聞いてみました。

「腰水用には、棚と同じ大きさの木枠を作って、ビニールシートを張り、そこに水を張って、鉢を並べれば、無駄なスペースはできませんよ」と、教えてくれたのは、**モウセンゴケ**栽培の名手中村さん。なにごとも、マニアに聞け!です。

ところで、木枠って、どうやって作るんですか

「材木屋か、ホームセンターに売っている木材を買って、棚に合わせた長さに切って組み立てるんです」

## Do It Yourself !!!

自作の木枠（左）またたく間にいっぱいに（右）

いきなり、かなりの難易度《なんいど》の高さです。

そもそも、木材ってどんな風に売っているのでしょう。材木屋って、どんなお店だったっけ。私は日曜大工とは、縁遠い生活を送っているのです。とりあえず木材を買いに行きました。で、これ、どうやって組み立てるの。ボンドでつけるの?

「ボンドじゃ、とれますよ!!!」と、つっこむ中村さん。

「枠型になるように組み立て、ボンドで仮どめし、釘《くぎ》を打って固定するんですよ」

うーん、無知《むち》ですみません。トンカチで、とんとんと叩きます。なかなかハマる作業です。既製《きせい》品ではなく、自分で作るのはいいですね。ビニールシートを張って、画鋲《がびょう》で固定して完成です。

植物を栽培していれば、常にスペースとの戦いで、心はいつも「もっと置きたい。すき間を埋め尽くすほど」なのです。

なんでしょうねこの気持ち。なにを埋めているんでしょうね。埋めているのは、物理的なすき間じゃなくて、心に巣食《すく》うむなしさやさびしさだったりして……。

こうしてスペースをゲットしたことにより、さらに**モウセンゴケ**を育てられるようになりました。しかし、今ではこのスペースにも、隙がない程ぎっちり**モウセンゴケ**、時々**ハエトリソウ**、時々**ミミカキグサ**がつまっています。さらに大きめの水槽も導入し、食虫植物はどこまでもふえ続けています。果たしてどこに向かっているのか、その先になにがあるのか、自分でもよくわかりません。

怪しい……
ハエトリ君は寒くないでしゅか～♡
モウセンちゃんは元気でちゅか～♡
サミーよ、中に入れろよ！
はやくしろー！
ノドカワイター

# 恐怖のきな粉まぶし

## 園芸ラベルの悲劇……②

食虫植物栽培のために、家庭用小型温室を購入し、腰水のための木枠を作った後、メキシコ産の**ムシトリスミレ**を育てていたところ上手くいったので、さらにタイプの違う**アフリカナガバモウセンゴケ**も集め、微妙《びみょう》な違いをマニア目線で愛《め》で、悦《えつ》にいっていた時のことです。

食虫植物の調子がよいと、気分もよく、執筆《しっぴつ》の仕事もはかどります。その日は台風で、外に出ている鉢が飛ばされないように、軽いものは屋内に入れ、重いものは床に置き、温室棚の一番下には用土の袋をたくさん入れて重しをしました。

外はしだいに荒れ模様《もよう》になり、風がびゅうびゅうと鳴り、閉め切った中にまで聞こえてきます。

そして午後一時頃、物がぶつかる大きな音がしたのです。看板かなにかが落ちたのだろうかと、あわててベランダに飛び出すと、なんと、なんと……人の身長くらいある小型温室がベランダいっぱいに倒れていたのです。

ギャーーー!!!!!!!!!!!!。頭がまっしろになりました。

もこもこ生えたムシトリスミレ♡（上）

だって、小型温室の中には栽培史上最高潮《さいこうちょう》になっている**ムシトリスミレ**と**モウセンゴケ**と夢がたっぷりつまっていたのですから。それに、がんばって育てていた**ダーリングトニア**があぁ。

置いていた鉢の数、およそ六〇〜七〇。それが全部ひっくり返って、混ざり合い、ビニールカバーの中で大きな土のかたまりになっているのです。

この時は、ぜんぶ鹿沼土《かぬまつち》と赤玉土《あかだまつち》とピートモス、パーライトという、いわゆる砂利《じゃり》系の混合《こんごう》土で植えていたので、被害は甚大《じんだい》でした。水苔《みずごけ》だったら、ここまではなかったことでしょう。**モウセンゴケ**なんかは、土砂災害《どしゃさいがい》にあったかのようです。粘液がついた部分には、きなこをまぶしたように土がまぶされているのです。

これを全部植え直すのかと思うと、それだけで一歳年をとってしまいそうでした。

倒れていた小型温室を垂直《すいちょく》に起こします。すると、土と葉っぱがどさどさとすき間から下へと落ちていきました。チャックを開けると、もわもわと土が出てきました。

もう一歳年をとってしまいそうです。

嵐の中、土の中から葉っぱを取り出し、救出活動をはじめました。メキシコ産の**ムシトリスミレ**は頼みもしないのに、葉っぱがどんどん外れて、どれもバラバラの葉一枚になり、葉挿《はざ》しのための葉っぱになっています。

**モウセンゴケは全葉、きなこトッピング状態です。**

## ダーリングトニアがあぁ……

**モウセンゴケ**は復活する可能性は高いでしょう。でも、おそらく**ムシトリスミレ**は壊滅《かいめつ》です。泣きたくなりました。しかも、高価でかつ貴重な**ダーリングトニア**は依然《いぜん》行方不明です。

そして、気づいてしまいました。**アフリカナガバモウセンゴケ**のラベルが全部落ちてしまった今、どれがどの系統なのか、まったくわからないことを。**ムシトリスミレ**は葉一枚になってしまって、さらにわからない。しかも、同じ葉を同じ鉢に入れていないかもしれない、っと。今度こそ泣けてきました。

**アフリカナガバモウセンゴケ**は、その時、海外の業者からマニア仲間と相乗りして、色々仕入れていただけでなく、さらにマニアの香川くんと中村さんから分けていただいたりして、色々揃えていましたが、どれがどれだか、私には、さっぱりわかりません。

かろうじてわかるモノを見つけ、ドロだらけのラベルをぬぐい、唸《うな》りながら、鉢に挿していきます。ラベルがわからなくなってしまったのは、マニアの間ではラベル落ちといって、いちじるしく価値が下がります。ラベルの有無で、愛情に変わりはないのですが……。思えば血統《けっとう》を愛《め》でるというのも、業《ごう》の深いことですね。

後日、ミイラになった**ダーリングトニア**がベランダのすみから発見され、再《ふたた》び涙したことはいうまでもありません。

上段にモウセンゴケ、中段にムシトリスミレ。ここに悲劇がおそおうとは……。

# 30 ドロソフィルム長者

大好きな食虫植物をもっともっと殖《ふ》やしたい。というのは、マニアであれば誰しも思うことではないでしょうか。

私も、大好きな**ドロソフィルム・ルシタニカム**を殖やしたい。そう思って、種を集会で買いました。**ドロソフィルム**を好きなマニアは多く、大きくなる姿、なんともいえない獣《けもの》の匂い、と魅力いっぱいの食虫植物です。

種で殖やして、**ドロソフィルム**だらけにするんだ、ふふふ。と**ドロソフィルム**だらけになった栽培場を妄想《もうそう》しました。

さっそく、小さなポットに水苔をつめて、**ドロソフィルム**の種をひと粒ずつ大事にまきました。発芽したあとに、水苔ごと大きな鉢に移植《いしょく》するとよいと教えてもらいました。

水を切らさないように注意して、発芽《はつが》するのを待ちます。

一ヶ月くらい経ったある日、**ドロソフィルム**が無事にかわいらしい芽を出していました。最初イネ科の雑草かなと思ったのですが、よく見ると、しっかり**ドロソフィルム**の形をしています。幼苗《ようびょう》の時から、ちゃんと腺毛《せんもう》もあり、間違えようのない形をしているのです。その数二〇鉢。今まで枯らしていたのが、いきなり**ドロソフィルム**長者です。

　そりゃあもう、うれしくて、小躍《こおど》りしたい気分でした。

　日の当たる場所に移し「元気に育てよ」と声をかけました。

　しばらく、すくすく育っていたところ、突然**ドロソフィルム**が調子をくずしはじめました。ピンと天に向かっていた葉っぱが、へたっているのです。急転直下《きゅうてんちょっか》というくらいに調子を悪くしたので、ぎょっとしました。

　日が強過ぎたかなと思い、やや日陰《ひかげ》にうつしました。しかし、具合が悪くなるスピードは止まりません。

　葉をぐったりさせたかと思うと、数日後にはふたつの**ドロソフィルム**が茶色く枯れていました。ほかの株も、どんどん葉に張りがなくなります。

　あれよあれよという間に、ほとんど枯れてしまって茫然《ぼうぜん》。なにが悪かったんだろう。

　かろうじて生き残った二鉢には花芽《はなめ》までついています。こんなに幼い株に花芽がつくなんて、ただごとではありません。よほど、ドロソちゃんはこの環境がつらいのです。

　ふとベランダの外を見て、異変《いへん》に気がつきました。

　マンションの共同の植えこみに生えていた雑草が、茶色く枯れているのです。

ドロソフィルムの芽♥
徒長気味です。

つい先日まで青々と茂っていたはずなのに……。

管理会社に確認したところ「植えこみの雑草に除草剤《じょそうざい》をまいた」というのです！

なんと、日あたりのよい場所にと置いたベランダの縁《ふち》が、もろに除草剤をかぶる場所だったのです。そんなことってあるんでしょうか……。

ただ、哀《かな》しみにくれました。

最後のひと鉢は、つぼみをつけたまま花を咲かせずに、逝《い》ってしまいました。

以来、除草剤をまく日は連絡をもらうようにし、水槽の中で発芽させるようにしています。

こんな風に哀しい思いをした実生《みしょう》ですが、発芽したばかりの食虫植物って、本当にカワイイんですよ。

ところで、あるマニアのお宅に遊びに行ったときに、**ウツボカズラ**の調子が悪そうなので「すいぶん調子悪そうですね」と聞いたところ「殺菌剤とまちがえて、除草剤をまいちゃった」と言われたことがあります。

自爆《じばく》！こわすぎます。

殺菌剤《さっきんざい》と除草剤を間違えるだろうか、しかも仮に間違えたとしても、間違う場所に置いちゃいかんだろうと思いましたが、そういうこともあるんですね。

生きていれば、色んなことがあるんです。

ごめんなさい～

こんな小さい捕虫葉でも
虫を捕らえる！（上）

## 天国と地獄

### 食虫植物の花畑の中で

「木谷さん、なんですかコレ。毒《どく》はありませんか??」

カタログハウスの屋上菜園《おくじょうさいえん》の担当皆川さんから、悲鳴《ひめい》まじりで聞かれました。

カタログハウスは、屋上で永田農法の菜園をやっているのですが、二〇〇九年からそこの管理のお手伝いをしています。この時は、お手伝いをはじめてから二年目の春のことでした。

「ああ、アゲハの幼虫ですよ」

サンショウの木に、びっしりアゲハチョウの幼虫がついていました。去年秋から、和のハーブ園にサンショウを植えていたのでした。

「毛虫じゃないの?」

体長二センチくらいのごつごつとした黒い体に白いラインが入り、せっせと葉をはんでいます。

「これから脱皮《だっぴ》して、緑のもこもことしたイモムシっぽい体に変わるんですよ」

ひとつ幼虫をつまみ、頭の部分を指でさわります。すると、ちっこいのにもかかわらず、にゅっ

アゲハ幼虫の臭角です。

と黄色いツノを出しました。辺りに柑橘香《かんきつこう》を濃縮《のうしゅく》した匂いがただよいます。

「いやーん、なにそれ」

いやがる皆川さん。

ちっこいのに、ちゃんと臭角《しゅうかく》を出すんだ。これで天敵《てんてき》を退けるそうですよ。かわいいなあ♡

サンショウの木だけではなく、レモンやコブミカンなどの柑橘系の木に、たくさんついています。

私に、ふと、あるアイディアが思い浮かびました。

「アゲハの幼虫、もらってもいいですか??」

「どうぞどうぞ。いくらでももっていってください」

皆川さんはおびえつつ、快諾《かいだく》してくれました。幼虫を一〇匹、餌《えさ》の葉っぱも一緒に持ち帰ります。

それから、食虫植物がぎっしりつまった小型温室の中に飼育ケースを設置しました。食虫植物の花畑の中でアゲハを育てようと思ったのです。

## 「地獄《じごく》の中の天国」

そんな言葉が頭に浮かびます。飼育ケースに入れるから、天敵から身を守ることができ、なおかつ餌は豊潤《ほうじゅん》にあります。しかし、透明《とうめい》な壁一枚へだてた外は虫を食べる植物の園なのです。

アゲハの終齢幼虫。ビロードの手触りです（上）

ううむ、まるでわれわれが生きる環境に似ているじゃないですか。

アゲハの幼虫を見守ること数日、ごつごつとした黒い幼虫は、脱皮し、体も大きくなり、もこもこした緑色の幼虫に変わっていきました。手にのせると、ふにふにとやわらかく、手触《てざわ》りはビロードのようです。

いよいよ食欲は増し、餌の葉っぱもすぐになくなります。減ったのを見ては足し続け、幼虫はもりもり葉っぱを食べ、脱皮《だっぴ》を繰り返しました。

しばらくすると、幼虫の動きが鈍《にぶ》くなり、餌をあまり食べなくなりました。一匹が飼育ケースのヘリにくっついたまま動かなくなったかと思うと、蛹化《ようか》しました。大きさがひとまわり小さくなります。

緑色の蛹《さなぎ》で、思ったよりも小さく、これからあの大きなアゲハの成虫《せいちゅう》が飛び出してくるかと思うと、ふしぎです。いよいよ多くが蛹になったので、食虫植物の飼育ケースのフタをあけました。

これで、いつでも飼育ケースから飛び立てます。

翌日、小型温室の中ではアゲハ五匹がちょうちょの姿で、羽を乾かすために、ビニールカバーの内側につかまっていました。緑色のもこもこしたイモムシだったのが、嘘のよう。

おしゃれな黄色と黒の網目模様《あみめもよう》の羽に、青とオレンジの差し色が入って

地獄から脱出し、羽をかわかしてます。

います。

「わあー、きれいだなあ」

しかも、どのチョウも食虫植物には捕まっていません。

しかし、下にはぎっしり**モウセンゴケ**がぎらぎらと粘液をかがやかせて今か今かと待っています。ふしぎな光景です。

食虫植物は、それほど捕虫能力は高くないのです。

温室のチャックをあけて、ビニールカバーを全開にします。しばらくして、アゲハはふわふわと飛び立っていきました。


**「地獄からの脱出。でも、新たな地獄ゆき」**


とも言えます。アゲハの天敵は多いでしょう。いったいどれほどの数が残るというんでしょうか。

ささやかな地獄の上を悠々《ゆうゆう》と飛びたつアゲハチョウは、あまりにも美しいのでした。

生き物は、生きているというだけで感動的です。生きるということは、いつだって死とセットなのです。死がなければ、生もないのです。

出ていったアゲハのうち一匹は、温室の外に置いてある**ハエトリソウ**に捕まってしまいました。

これもまた、リアルです。

逃げたと思ったら、捕まった図（上）

フフフッ
中は天国、
外は地獄なのよ〜
……

# 食虫植物を美しく植える？

雑誌連載……①



出会いはいつも唐突《とうとつ》です。

『大好き、食虫植物。』（水曜社）を出版したその年の冬に、家の光協会『花ぐらし』の柴野編集長から「ウチの雑誌で食虫植物の連載《れんさい》をやりませんか？女性向けに美しくアレンジした食虫植物を紹介して欲しいんです」と、ご連絡をいただきました。『花ぐらし』は、暮らしの中で活《い》かすさまざまな園芸のアイディアを紹介する、季刊《きかん》園芸誌です。（現在は『やさい畑』の別冊）

私は安請《やすう》け合いの名人なので（それで後まで苦しむのですが）「おまかせください、編集長殿」と二つ返事で引き受けました。

その頃、ようやく食虫植物を維持《いじ》できるようになったもものの、食虫植物を見映えよく栽培し、美しい鉢に植栽《しょくさい》する技術や、知識はありませんでした。どちらかといえば食虫植物マニアど真ん中の、プラスチック鉢やビニールポットに、しかもひと鉢、ひと株にして植える方法を採用していたのです。

なんて美しい、
球茎モウセンゴケ!

## 「読者のマダムが素敵♡と喜ぶような作品にしていただきたいな」

編集長の声は、心の中でエコーがかかるほど、私にとっては重い言葉でした。

なにしろ、女性らしい作品とは無縁《むえん》なのですから、マダムとは、さらに無縁です。

「私は女性でありますが、その前にマニアなのですよ」

と、柴野編集長に言えるわけもなく、すぐに私はことの重大さを忘れ、一般園芸誌に食虫植物が連《れん》載《さい》デビューだわい！と喜んでいました。

できるのか？なんてことは考えずに、とりあえず、書店に突っ走り、アレンジや寄せ植えの本、園芸書を買いあさり「はじめての盆栽」なる本も買いました。

本を読んでいると、なんだかできそうな気がしなくもない。

その時の私は確かにそう思いました。今となれば、甘い！甘過ぎるぞ！園芸ってのは難しいんだ！

と、当時の自分にツッコミを入れたくなります。

一年計画を立て、春にモウセンゴケ、夏に**ハエトリソウ**、秋に**サラセニア**、冬に**ムシトリスミレ**の記事を書きます。と柴野編集長にお話ししました。

せっかくやるのであれば、その場だけきれいに見せる、生け花風アレンジではなく、栽培維持《いじ》できる作品にしたい。無謀《むぼう》にも、さらに自分のハードルを上げました。

まずは、第一回の**モウセンゴケ**をきれいに見せるアイディアはないものかと思い、色々な園芸ショップをまわり、あるアイディアを思いつきました。

鉢はおしゃれなグラスにして、**モウセンゴケ**の用土に、カラフルなゼリーボールを使おう!

ゼリーボールとは、ハイドロカルチャー用に売っている園芸用のゼリーで、色は一〇色以上と、とてもカラフルです。また、形もまんまるのかわいいものから、クラッシュゼリーのようなものまで様々な種類があります。ぷちぷちの粘液がきれいな**モウセンゴケ**には、ゼリーはぴったりに違いないと思ったのです。自分のアイディアに酔《よ》いしれ、早速《さっそく》ゼリー状の用土やゼリーボールを買い、グラスを何種類も用意し、自宅で殖やしていた**モウセンゴケ**の仲間の**アデラエ**、**アフリカナガバモウセンゴケ**を植え替えようとしました。

今までは実に適当に植えていました。土が足りなかったり、ななめになったりすることもありましたが、誰に見られるわけでもないし「ま、いっか」と思っていたんです。

しかし、いざ人に見せるため、きれいに植えようとしてみると、難しすぎます。

植え込むと、ゼリーがぷるぷるゆれて、株が斜《なな》めになって安定しません。きれいに植えようと葉や茎を何度もイジルうちに、**モウセンゴケ**の粘液が取れていきます。上手く植え込めないから何度もやろうとすると、しまいには植物がグッタリし、葉がくたっとたれさがってしまいました。ところどころ、葉もちぎれています。見るからに悲惨《ひさん》な状態になっていました。

これは、明らかにきれいじゃない。むしろ、ゼリーの中にくたびれた植物がおしこめられたようで気の毒な仕上がりです。

読者のリッチなマダムたちに見られたら「まあ、すてき♡」ではなく「まあ、かわいそう……」と言われること間違いなしです。

あまりの難しさに、もし園芸の神様がいるのであれば「神サマー!!」と叫びたくなりました。

それでも現実認識がまだ甘い私、植物が安定すれば平気かなと思い直すと、その日は水やりをして作業を終えました。

数日経つと、植物が安定しないどころか、葉が黒くなっています。このままでは「ゼリーでおしゃれに」どころか、「ゼリーに死す」になってしまう。

『花ぐらし』の撮影の日にちもせまっていました。

とりあえず、とっても具合の悪い……というか、死にかけの**モウセンゴケ**アレンジを前に途方《とほう》に暮れた私は、このままではまずい。なんとかせねばならぬと、**モウセンゴケ**栽培の名手中村さんに「神サマ!!!」と救いを求めました。

中村さんは『大好き、食虫植物』で無菌培養《むきんばいよう》講座を紹介して下さった、栽培の神様のおひとりです。お父様の盆栽《ぼんさい》屋を手伝っていたこともあり、植栽は素人ではありません。

キラキラの
ルピコラ様です。

ゼリーの中で死にかけている**モウセンゴケ**を見せたところ、えらいお叱《しか》りを受けました。

「まったく、もう全然ダメじゃないですか。悲惨なことになっていますよ」

うう……、神様ごめんなさい。ごもっともです。

「しかも、ゼリーボールにけっこう肥料《ひりょう》が入っているんじゃないですか?**モウセンゴケ**には強すぎます」

ああ、うう、そうでしたか。あ、ほんとだ、パッケージに肥料入りって書いてある。

「あ、でも、こうやって霧吹きを葉っぱに吹くと、ちょっときれいに見えますよ」

私は持参した霧吹きで**モウセンゴケ**の葉っぱに水を吹きかけ、腺毛にしずくをつけてみました。

「それは、偽装《ぎそう》ってやつです。粘液と吹きかけた水はぜんぜんちがいます。写真に撮れば、なおさらはっきりしますよ。自分でできない仕事を受けますかねえ。プロでしょう」

すみません、なんちゃってでした。でも、雑誌に穴を空けるわけにはいかないんです、神様!

「あのぅ……、**モウセンゴケ**の植栽をお願いできますでしょうか」

「今すぐには無理ですよ。撮影はいつですか?それまでになんとかしましょう。でも、保証はできませんよ」

「あ、ありがとうございます」

私は涙ぐみ、しおしおになった**モウセンゴケ**を持ち帰り、ひたすら撮影当日を待ちました。

当日、ロケ場所は中村さんのお宅でした。私は性懲《しょうこ》りもなく、ゼリーボール入りの**モウセンゴケ**を持ってきていましたが、柴野編集長と中村さんの冷たい視線を作品に感じ、そっと物かげに置きました。

「どんな作品でしょうか?」

期待に満ちた目で、柴野編集長が中村さんに聞きます。

「こんなもんですかね」

中村さんは、足付きの白い鉢に植えられた南アフリカ産の**システィフロラ**を持ってきました。つづいて、**ルピコラ**、**アデラエ**、**ブルボサ**と**ルピコラ**の寄せ植え、**シザンドラ**、どれも鉢にこだわり、化粧砂《けしょうずな》も美しくほどこされています。とにかく、神様は、たくさん出して下さいました。

食虫植物はこんなに美しかったのか……。

個人的には前から美しいとは思っていたけれど、すっぴんで個性的な美人が、ハイセンスのファッションにその身に包み、高みにのぼりつめた、そんな瞬間でした。

無事、カメラマンの矢島さんに撮影していただき、めでたし、めでたし……が、

「次号の**ハエトリソウ**は頑張って下さいよ。うちは**ハエトリソウ**はあまりやらないんですから」

と、中村さん。早くも暗雲《あんうん》がたれ込めているのでした。

有機の光と、無機の光の競演。

# マダムと食虫植物と私

雑誌連載……②



二〇〇九年の一月に**モウセンゴケ**の撮影が終わり、すぐに次号の**ハエトリソウ**の準備にかかることにしました。

なにしろ、時間がありません。今まで栽培していた**ハエトリソウ**の苗を、まずはきれいに植えてみることにしました。

去年から持っている株にプラスして、よい株はないか探していたところ、先輩マニアの狂さんから、立派なビッグマウス、オランダ・ピンクをゆずっていただいた分もあります。

花卉《かき》市場の資材屋や、都内近郊《きんこう》の色々な園芸店、神奈川にあるフラワーアレンジメントの資材屋、インテリアショップをめぐりこれは!という鉢を探します。

ところがかわいい鉢というのは案外少なくて、大抵同じような形、似た色ばかりなのです。

その頃、永田農法の永田洋子さんの手伝いで、ハーブの本『おうちでかんたん 永田農法のハーブ』(祥伝社)の撮影をするために、武蔵小金井の園芸店「ほ・うら」に行くことがありました。

「ほ・うら」には個性的で、かわいい鉢がたくさんあり、なんとか用意することができました。

ハエトリソウの"ビッグマウス"。
マダムは喜ぶのでしょうか?

あとは、きれいに植えつけること！きれいに見せるために、直前に化粧砂《けしょうずな》をしたい。そして、そのためには砂利系の用土で植えたいと思い立ち、今まで**ハエトリソウ**を水苔で植えていたのを、砂利で植えることにしました。

盆栽の本を参考にして、砂利には鹿沼土《かぬまつち》＋赤玉土《あかだまつち》＋ピートモスを選び、穴が開いていない鉢には、根腐《ねぐさ》れしにくいセラミスで植えることにしました。

そこで、中村さんから粒の大きさと揃えるのと、微塵《みじん》を取り除くために、用土をふるいにかけることを教わりました。目の大きさの違うふるいを二種類使って、粒の大きさを揃えます。

はじめての砂利植えは難しく、株が安定しません。ウーン、上手くいかん。

その上、植えようとするうちに、**モウセンゴケ**の時と同じく、**ハエトリソウ**のトラップ部分がちぎれたりして、手先の不器用《ぶきよう》さに泣けてきます。

## なにゆえ、こんなに不器用なのか！

と自分の手を叩きたくなりました。でも、手が原因ではありません。もう頭でイメージするのと、やるのとは大違い。

こういうことは、習うより、慣れろなんですね。圧倒的な経験不足です。

「**ハエトリソウ**とセラミス用土はダメだ〜！」

植えて1ヶ月後の鉢を見て、思いました。

セラミスに植えたハエトリソウたち（上）

セラミスが鉢の中で動きやすく、根が安定しないためか、用土が合わないためかわかりませんが、段々調子が悪くなってきました。それに引き換え、鹿沼土＋赤玉土で植えた**ハエトリソウ**はしっかり根を張ったのか状態がよくなってきています。

夏号の撮影は四月。本当はもう少ししてからの方が**ハエトリソウ**の状態は良くなるのですが、都合上強行スケジュールになりました。

「スマンけんど、我慢してくれや」

**ハエトリソウ**に話しかけてみました。

「ちっ、しょうがねえな」

と、**ハエトリソウ**は答えたとか答えないとか……。

さて、撮影当日。またもやロケ地は、**モウセンゴケ**栽培の神様中村さんのお宅です。

「うちは、**ハエトリソウ**は得意ではないんですよ」

といいつつ、今回も神様は、卵の殻《から》の上半分が割れた形の鉢に植えた、**ハエトリソウ**の実生苗《みしょうなえ》や、水色の足付き鉢、白いグラスに植えた**ハエトリソウ**、三センチくらいのパフェグラスを模《も》した透明《とうめい》の

おいしそう!?
いや、ノーブルな一鉢です。

いれ物に実生数年の**ハエトリソウ**を植えた作品（株まわりに生水苔をあしらい、中には細かなくん炭《たん》、最下部にはパフェさながらの青い化粧砂が数ミリしかれたもの）など、大量の作品を出してくださいました。

神様はツンデレだったのです。

これで準備万端《じゅんびばんたん》と柴野編集長とカメラマンの矢島慎一さんをお待ちしていると、到着するなり編集長が、

**「なんですか、それは」**

と、素頓狂《すっとんきょう》な声をあげました。

ん？編集長の視線をたどると、その先にあるのは「私」。ただしくは私の着ている洋服でした。

前回の**モウセンゴケ**の撮影時には、私のプロフィール写真を撮る必要があるのことで着ていく服にすごく悩みました。

「マダム受けがいいものね。お願いしますよ」

といわれ、マダムに受ける服装がわからず、髪の毛が抜けるほど悩みました。

そもそも、マダムってなんだ？しかも、同時に食虫植物っぽい感じもアピールしなければならないのではないかと、心の声まで聞こえだし、さんざん

エッグ型の鉢に植えた、
実生ハエトリソウ。

迷った挙げ句、私が選んだものは「リボンのついた迷彩服《めいさいふく》」でした。編集長が「なんで、迷彩服なんですか〜！」と叫んでいたことを思い出します。

結局その時は、矢島さんに首から下（の迷彩服）はあまり映らないように撮っていただいたのですが、ゼリーで死にかけの**モウセンゴケ**を持っていくわ、迷彩服だわ、われながら、自分がなんか怖いです。

それで、今回はリベンジとばかりに、食虫植物っぽい感じよりも、マダム受けを前よりもさらに真剣に考えてみたんです。髪を軽く巻き、蛍光《けいこう》オレンジのノースリーブのワンピースに、蛍光オレンジのマニキュア。クツはもちろんヒール。しかも、真珠《しんじゅ》のネックレス。昼メロに出てきそうな、セレブなマダムっぽくありませんか？

ところが、前述のとおり編集長を驚愕《きょうがく》させてしまったんです。

**「マダムどころか、キャバ嬢《じょう》みたいですね」**

と、神様がぽつりと言いました。

「マニキュアは落としましょうか」

編集長が、暗い顔で言いましたが除光液《じょこうえき》もなく、結局今回もカメラマン矢島さんに後で画像処理をしていただくことになってしまいました。皆様の仕事ばっかり増やしてしまって、すみません。

パフェグラスに植えたジオラマ的作品（上）
この爪の色を後で修正していただきました（下）

奥さん・・・
蛍光オレンジのマニキュア
巻き髪
ノースリーブ
真珠のネックレス
派出なオレンジのワンピース
ハイヒール
まるで、キャバ嬢ですね。

# 50 ピグミードロセラ

## 蘭鉢の悲劇

ある日、園芸品売り場で黒いプラスチック製の蘭鉢《らんばち》を見て、よいアイディアを思いつきました。これに**ピグミードロセラ**を植えたら、かっこいいんじゃないの?

蘭鉢とは、その名の通り蘭を植えるための鉢で、上部がもっとも広がっていて面積があり、底に向かってカーブを描き、しゅっと細くなっていて、かっこいいのです。**ピグミードロセラ**は深さがある鉢の方がよく育つし、バッチリだねっ☆と黒い蘭鉢に映える姿を想像して、まとめ買い。

**ピグミードロセラ**にむかごができるまで、蘭鉢はしばらく物置で眠ることになりました。そして、晩秋《ばんしゅう》。**ピグミードロセラ**の株の中央に一ミリに満たない細かなむかごがぎっしりとできています。びっしりとついたむかごは、キャビアやとびこなどの魚卵《ぎょらん》のようで、おいしそうにも見えます。いそいそと蘭鉢を取りだし、用意します。むかごをひと粒ずつ外して、播《ま》いてやるのです。すると、この小さなむかごから、また葉が出てくるのです。

**ピグミードロセラ**は株自体が、一センチくらいの小さな**モウセンゴケ**の仲間で、ロゼットを形成するもの、立ち上がるものなど、形もさまざまです。

むかごの形も小さいですが、種類によって、微妙に違います。

**ピグミードロセラ**の中でも、比較的大きな**スコルピオイデス**は、やはりむかごも大きく、播きやすいです。（それでも、一ミリが数ミリになったくらいの差ではありますが）

「さて、まずは、むかごを収穫だ」

パテンス×プルケラの鉢を持ち、濡らした筆をつかみ、むかごに近づけました。あまりに細かな作業に、指先がぷるぷる震えます。

しかも、あまり視力が良くないので、細かなものを見ているだけで、どっと体力を消耗《しょうもう》します。

「こんな細かいことばかり、やってられるか!!」と、思わず、鉢をばーんと壁に投げつけたくなりますが、ガマンです。

**ピグミードロセラ**は、状態良く群生《ぐんせい》すると、実に美しいのです。

以前は、ピンセットでむかごをつまんでいたのですが、力を入れ過ぎて、傷つけたり、つぶすこともあるので、筆や爪楊枝《つまようじ》がいいようです。中には、電動の耳あか掃除機《そうじき》で、むかごを吸い取るマニアもいます。きれいにむかごが吸い取れて、なかなか使い勝手がいいのだとか。日々技術革新がもたらされているのは感動的です。

なんとか、筆の先につけて、スポイトで水を垂らし、蘭鉢の土の上にむかごを落とします。ひとつむかごを落とすたびに、フウゥーと息を吐きました。

ピグミードロセラの、キャビアのようにぷちぷちのむかご。

神経を病みそうです。

段々疲れてきて、残りのむかごを指につけて、ピッピッと散らしました。もらいもののむかご、スコルピオイデス、エノデス、ラシアンタ、ピグメアなどをやはり筆の先につけて、播きます。どんどん雑になってきて、一個ずつではなく、まとめて筆の先につけて、土の上に落としました。むかごをまく土は、砂利系の土の表面に目の細かなピートモスを浅く敷きます。

途中いい加減になってしまいましたが、ようやく播き終え、かっこいい蘭鉢を眺めます。細長くしゅっとしたフォルムの蘭鉢、おしゃれなビアグラスのようです。ここから、花火のように**ピグミードロセラ**が群生したらかっこいいだろうな、なんて……夢は拡がります。

さて、水を張ってある棚に並べようと、蘭鉢を持ち、棚の上へと置いたところ、

**……ころん。**

なんと、蘭鉢がウソみたいにカンタンに倒れて転がり、中の土ごと棚にどさっとこぼれてしまいました。もちろん**ピグミードロセラ**のむかごごとです。腰水用の水の中にどろどろと土が流れていきます。

神経の切れそうな今までの苦労はなんだったのでしょう。

蘭鉢は底が小さいために安定が悪いのです。しかも、水が張ってある棚は、完全に水平ではなかったので、余計に転がりやすくなっていたのです。

めまいを起こしそうになって、ふらふらとしたところ、床にひとまず置いていた残りの蘭鉢も蹴《け》ってしまい、全部倒してしまいました。

本気で涙が出そうになります。

株の大きな**アフリカナガバモウセンゴケ**だったら、植え直せば済みますが、**ピグミードロセラ**はアウトです。むかごが土に混じって、行方不明です。

怒りをぶつけたいけど、どこにもぶつけるあてがありません。苦労したのも自分、ダメにしたのも自分。全部、自分がやったことですから。ううっ……。

急に大雑把《おおざっぱ》になってこぼれた土からかろうじて見えるむかごを指で救出し、普通のプラスチック鉢に急遽《きゅうきょ》土を入れたものに、ぴっぴっとはじくように播きました。しかし、さっき播いたむかごの一〇分の一以下の数です。

バカ、自分のバカ。あまりのくやしさに蘭鉢を全部捨ててしまおうかと思い、それも余計にバカらしいので、なんとか留《とど》まりました。

後日、食虫植物の集会で、蘭鉢に植えたものを、ひっくり返してしまったと言ったところ、「専用のホルダーがあるよ」と、教えてもらいました。そんな存在があるなんて、知りませんでした。

しかし、蘭鉢専用ホルダーがあったところで、場所をとるし、どちらにしても、食虫植物の栽培向きではなかったんだなと、改めてがっくりしました。

# 二又のシスティフロラが咲く



小型温室で栽培している塊根《かいこん》**モウセンゴケ**の一種、**システィフロラ**に花芽《はなめ》がつき、ふくらんできたつぼみを前に、咲くのは今か今か、と待ち受けていました。

**システィフロラ**は南アフリカ原産で、多肉植物のコノフィツムやリトープスなどと同じような場所に生えます。

日本では、夏の暑い時期に休眠《きゅうみん》し、株が立ち上がり、株の割に花が大きく、**モウセンゴケ**の中では最大の花を咲かせ、開花した花の直径は二センチを越えます。花色は、赤、クリーム色に近い黄色、ピンク、赤紫と様々で、とっても魅力的ですが、市場ではほぼ流通せず、マニアの間で大切に育てられています。

そんな貴重で、稀少《きしょう》で、魅惑《みわく》的な**システィフロラ**に花芽がついたのです。はじめは花芽がついて喜んでいるばかりでしたが、ふと、なんだかおかしいぞと思ったのです。

よく見るために、小型温室から出して眺めました。

するとなんと、ひとつの株から二本の花芽があがり、つぼみをつけていたのです。

本当にひと株かどうか確かめてみましたが、どう見ても、ひと株の中央から出ています。今まで、

ほかの方の持っている**システィフロラ**でも、双子《ふたご》の花芽を見たことはありません。

もしかしたら、すごいことになったかも。

つぼみは、うなだれるように下を向き、結構大きくなってきています。

丈二〇センチほどに立ち上がっている葉からは、粘液がたっぷりと分泌され、きらきらとかがやいています。ここに大輪の花が咲いたら、どんなに美しいだろう。

ワクワクした気持ちで待っていましたが、一日経ち、一週間経っても、なかなか開きません。

このまま開かなかったら、どうしようと思いました。

それでも待ち続けること、半月。よく晴れている日の朝に、閉じていたつぼみが、ようやくほんの少し開きました。

ピンク色の花弁《かべん》が、はっきりと目で確認できます。

「わあ……」

開いたつぼみは、真横に向かって筒状になっており、ナンバンギセルかメガホンのようです。

このまま咲くのかな。じっとりとした気持ちで、カメラをスタンバイします。

しかし、午後に日がかげると、つぼみは再び閉じて、咲く前のつぼみの形に戻ってしまいました。

開いたり、つぼんだりのシスティフロラ。

開いたり、閉じたり、ずいぶんじらすなあ。

気分はスカートの中をのぞきたい男のようで、すっかり、**システィフロラ**に翻弄《ほんろう》されていました。

翌日も、起きるなり**システィフロラ**の鉢に向かっていきます。

すると、さらに昨日よりも、さらに大きく開こうとしていました。


**「ひっらっけー、ひっらっけー」**


と、思わず興奮して、**システィフロラ**にむしゃぶりつきます。待ちこがれること、しばらく。時刻は十時三十六分に完全に開きました。ご開帳《かいちょう》です。

薄桃色《うすももいろ》のきれいな花が並んで咲いています。**システィフロラ**の双子花です。可憐《かれん》で、艶《あで》やか、それでいて気品溢《あふ》れる御姿です。きらきらと輝く繊細《せんさい》な葉の真上に、ピンクの大きなパラソルのように咲く花。

花はアネモネにも似ていて「**システィフロラ**が手に入らないので、代わりにアネモネを飾って、**システィフロラ**に思いを馳《は》せた」マニアがいるくらいです。

南アフリカの草原には、この**システィフロラ**の花が一斉に咲き乱れるというのです。

繊細な株に対して、これだけ大輪の花を咲かせるのは、大変なエネルギーでしょう。絶妙なバランスの上に美が備わり、あまりの素晴らしさにうっとりしてしまいます。

双子の花がワルツを踊っているようにも見えます。




**はらみますように……**

真横から撮り、俯瞰《ふかん》で撮り、それだけでは飽き足らず、ロケーションを変えて、室内のレース越しに撮影し、白い壁際、青空をバックにと**システィフロラ**を連れ回します。美形《びけい》の双子と付き合っても、こんな気分になるんでしょうか?。

さんざん**システィフロラ**とのデートを楽しんだ後に、種をつかせるために、細い筆で長くのびた雌《め》しべに花粉をつけました。鮮やかな山吹《やまぶき》色の花粉が、薄ピンク色の花に映えて、まぶしいです。

なんて、ゴージャスなデートコース。受粉で〆《しめ》です。

## 「どうか、はらみますように……」

柏手を打ち、**システィフロラ**に念を送り、またビニールフレームに戻しました。

この後、思いが通じたのか、無事に懐妊《かいにん》して種がついた双子の**システィフロラ**ですが、一方で、兵庫県立フラワーセンターでは、世にもめずらしい**ウツボカズラ**の双子のツボ（ダブルピッチャー）がつき、その写真を栽培技師の土居さんに見せていただきました。

「こんなん、何十年も食虫植物をやってるけど、はじめてやで」と、土居さん。**ウツボカズラ**栽培の神様でさえ、「はじめて」がいまだにあるのです。

万年初心者の私は、これからもまだまだ色々な「はじめて」に出会えそうで、胸が躍ります。

あまりにもあでやかな、システィフロラの双子の花!

# 私の用土修業時代



園芸は、土が肝心《かんじん》です。

しかし、園芸をしたことがなかった私は、最初土を買うという行為がぴんときませんでした。だって、土はそこらへんに、いくらでもあるのですから。

植物を育てる人は、山や空地から土をもってくるのだと思っていました。

しかし、実際は植物に合わせて、ぴったりな土を選ぶのです。

園芸家、植物マニアは土にかけては、一家言《いっかげん》ある人だらけです。

食虫植物の集会でも、よくできた栽培品が展示されると、かならずマニアは近づいて「用土は何を使っているんですか?」と聞きます。もう挨拶のようなものです。

気合いが入ったマニアは独自のブレンドを生み出し、さながら有名店のラーメンのスープ配合のようです。門外不出《もんがいふしゅつ》の秘伝のタレ(土)もあるはずです。

私は、最初は乾燥水苔を使っていました。今でも、**ハエトリソウ**には水苔を使っています。

水苔とは、湿地に生える苔で、水はけがよく、水もちがよく、柔らかいため食虫植物を育てるのにぴったりです。ニュージーランド産、チリ産、中国産などがあり、蘭、山野草栽培にも使われ

ます。
静岡県のマニア救仁郷《くにごう》さんのウェブサイトに

## 「食虫植物栽培は水苔にはじまり、紆余曲折《うよきょくせつ》を経て、水苔にもどる」

と書かれていて、なるほどと思いました。
乾麺《かんめん》のような水苔を水で戻し、それを植えこみ材料として使うのです。料理の乾物《かんぶつ》のようで、面白くもあります。

園芸と料理って、材料調達、準備（仕込み）、植えこみ（料理であれば盛りつけ）、片付けまで、手順が似ているんですよ。園芸が上手い人は、料理も上手い人が多いです。違うのは、料理は食べて終わりですが、園芸は育っていくことです。料理はそのまま眺めていると腐りますからね。

水苔を使ううち「生水苔がいい」との情報を得ました。そこでいざ生水苔の導入です。生水苔は、乾燥水苔の乾燥する前のバージョンで、食虫植物の自生地の周りにも生えています。殖やす人はトロ箱で栽培して、いっぱい殖やすため、余剰《よじょう》水苔を食虫植物の集会で売られることもあります。

株の根元に生水苔を植えると、生きている苔なので、しだいに殖え食虫植物の株も元気になります。生水苔には殺菌《さっきん》作用があり、気難《きむずか》しい種類に向いています。

水苔に慣れた頃、雑誌連載で、化粧砂を敷きれいに植える必要があり、鹿沼土《かぬまつち》と赤玉土《あかだまつち》とピー



生水苔（右）乾燥水苔（中央）日向土（左）

トモスのブレンド土を使ってみました。鹿沼土、赤玉土などの砂っぽい用土を砂利系用土なんて呼んだりします。人類の進化のように徐々に進化し、石器時代到来のように、砂利時代の到来です。

砂利系用土につづき、無調整ピートモス、パーライト、バーミキュライト、くん炭などが加わりました。



無調整ピートモスは粉のような黒い土で、水苔と同じく、水でなじませてから使わないと、水を弾いてしまいます。お湯でなじませて冷ますと、消毒にもなるし、なじみやすいのでよいです。一《いっ》斗《と》袋から取り出すときも、軽くてけむりのように舞うことがあり、慣れないうちは目に入ったり、吸い込んで咳き込んだりしました。

それから、永田農法を勉強し、永田農法で使われる日《ひゅう》向《が》土《つち》を使いたくなりました。永田農法を実践している人は多いでしょうけど、永田農法で食虫植物を育てる人は少ないと思います。野菜をおいしくする農法ですからね。しかし、永田農法はスパルタ農法とよばれ、栄養分の少ない土を、液《えき》肥《ひ》でコントロールしながら育てる農法なので、相性は悪くないはずです。

ここまでくると、好奇心の方が勝っています。

**サラセニア**と**ハエトリソウ**で試してみましたが、やってみた感触としては、食虫植物には硬すぎて、根を伸ばすのを嫌がっているように見えました。後日、兵庫県立フラワーセンターの土居技師さんに聞いたところ「日向土は、食虫植物の芽出しにいいよ」と教えてもらえました。また再チャ

鹿沼土＋赤玉土＋パーライト＋ピートモスで植え替えた球根モウセンゴケの鉢です（上）

レンジです。

器に合わせて、腐りにくい新素材のセラミスも導入してみました。

私の管理が下手だったのか、セラミスと食虫植物の相性はそれほどよくないように感じます。

変わったところでは、オアシス。切り花をさす土台にしてアレンジする、あれです。あれに**ミミカキグサ**を植えつけると、調子がとてもよいです。以前オアシスに植えた**ミミカキグサ**をいただいたことがありますが、六年経った今でも、調子良く花があがります。

マニアの中には、研究を重ね、蛇紋岩《じゃもんがん》を使ったり、塩を使ったり、EM菌を使う人もいます。他の人の栽培品を買った時に、植え替え時に土をひっくりかえし、こんな風に植えてたんだ〜!と思うこともたびたび。料理人も修業時代に、先輩の鍋を舐《な》めて味を盗むといいますね。

残念なのはラーメンのスープは毎日作れますが、用土の植え替えは年に一回なので、寿命《じゅみょう》を考えると、八十歳まで生きる人が二十歳くらいからはじめたとしても、六〇回しかできません。六〇回ですよ、たったの六〇回。私はデビューが遅いので、もっと少ないです。同時期に色々な土を試すのもアリでしょうけど、それにも、限界があります。人の命は、あまりにもはかないです。

とはいえ、限界を目指して今年も秘伝の土をつくるために、いろいろ試してみるのです。

オアシスに植えたミミカキグサです。

## ❗関連用語解説

| | |
|---|---|
| 捕虫葉（ほちゅうよう） | 捕虫機能をもつ葉 |
| 葉身（ようしん） | トラップ、捕虫葉の捕虫する部分 |
| 腺毛（せんもう） | 分泌物を出す組織がある毛 |
| 原種（げんしゅ） | かけ合わさっていない元々の種 |
| 交配種（こうはいしゅ） | 人為的に種をかけ合わせた種 |
| 交雑（こうざつ） | （自然に）種がかけ合わさること |
| 抽水植物（ちゅうすいしょくぶつ） | 浅水に生活し、茎や葉を水上に伸ばす植物 |
| 成株（せいかぶ） | 花が咲く状態になった親株 |
| 幼苗（ようなえ） | 成株に達していない未熟な株 |
| 花茎（かけい） | 葉を伴わず、花だけをつける茎 |
| 休眠（きゅうみん） | 植物の生長が一時的に不活発になる状態を指す |
| 挿し木（さしき） | 花木の枝を切り取り、根を培養土に挿し、不定根·芽を発生させて新しい株を作ること |
| 株分け（かぶわけ） | 植物の根株を分けること |
| 葉挿し（はざし） | 植物の葉を外し、根を地中に挿し、不定根·芽を発生させて新しい株を作ること |
| 冬芽（ふゆめ） | 冬期に休眠状態になった芽 |
| 腰水（こしみず） | 受け皿（鉢皿）などに水を張り、そこに鉢の底部をつけて、底面から灌水する方法 |
| 葉水（はみず） | 霧吹きで葉に水をかけること（乾燥やハダニがつくことを防ぐ） |
| ムカゴ | 葉の付け根にできる芽のことで、無性的に新しい個体を生ずるもの。肉目、胎芽ともいう。 |

# 交流編……マニアと、愛する食虫植物に囲まれて過ごした日々

# 尾瀬ナガバノモウセンゴケ

## 野生の姿をさがして……①

「食虫植物は日本にも生えています」というと、食虫植物にあまり詳しくない人には驚かれます。外国のものという印象が強いのでしょう。**ハエトリソウ**、**サラセニア**、**ウツボカズラ**は海外産ですが、日本には、**モウセンゴケ**、**ミミカキグサ**、**タヌキモ**、**ムシトリスミレ**、**ムジナモ**が自生しています。けっこう生えていますね。生えている場所は主に湿地《しっち》で、北は北海道から南は沖縄まで、全国津々浦々《つつうらうら》にひっそりと息づいているのです。これらの自生地は、マニアの間で伝承《でんしょう》されそこに赴《おもむ》くのは、食虫植物マニアのたしなみでもあります。

関東にもさまざまな自生地がありますが、特に人気が高いのは、なんといっても尾瀬《おぜ》です。尾瀬には、**モウセンゴケ**、**ナガバノモウセンゴケ**、両者の交雑種の**サジバモウセンゴケ**、**ムシトリスミレ**、**ミミカキグサ**が生えていて、生まれて初めて尾瀬で**ナガバノモウセンゴケ**を見て、その光景が忘れられないというマニアも少なくありません。

そんな尾瀬に、食虫植物の野生の姿を求めて行ってきました。

私は、尾瀬に行くこと自体は、はじめてではありません。大学時代に自主制作ホラー映画のサークルに入っていて、その時の合宿で足を運んだことがありました。ゾンビ映画のロケハンをしたあと、尾瀬の雄大《ゆうだい》な湿原《しつげん》に感動した部長が「この景色を堪能《たんのう》したい」と、突然《とつぜん》言い出し、ひとりで湿原に消えてゆき、部員全員で、小さくなってゆく部長の背中を見送ったという複雑な思い出があります。風の噂《うわさ》によると、その後部長は、山にこもって詩人になったそうです。尾瀬の景色が与えた影響は絶大です。

そんな因縁《いんねん》のある尾瀬に、食虫植物を見るためだけに行くことになろうとは、夢にも思いませんでした。

尾瀬探索《たんさく》メンバーは、メンバー最年少の隊長であり、登山経験の多い銀河《ぎんが》くん。(世話好きで用意周到《よういしゅうとう》な山男です)『大好き、食虫植物』のイラストを担当してくれた友人のありたかずみさん(以降、ありちゃんと呼びます、ディズニーのバンビを彷彿《ほうふつ》とさせる可愛らしい女性です)。香川県からはるばる参加のマニア・はえじごくにんさん。女性では珍しい植物全般のマニアである葉っぱさん。編集者の平野さんです。

肝心のルートですが、新宿から高速バスで尾瀬御池まで行き、路線バスで沼山《ぬまやま》峠《とうげ》に入ると、銀河隊長が決めました。われわれ隊員はぼんやりと従うことにしました。隊長だけ前日入りして、当日に尾瀬御池のバス停で落ち合う予定です。

高速バスは、二十二時発のため隊員は夜がふけてから、のそのそとターミナルに向かいます。トレッキングという爽やかなイベントなのに、夜遊びに行くような時間で、服装はトレッキング・シューズと防水リュック。

九月頭ということもあり、バスターミナルは蒸し暑く、手続きをしているだけで、全身に汗がにじむほどでした。隊長を除く全員でバスに乗り込むと、車内は節電のためクーラーを切っていて、蒸れた熱気にやられます。出発と同時にクーラーが勢いよく吹き出し、今度は汗で濡れたからだが冷え、ガタガタ震えることになりました。

なんとも頼りない出だしですが、到着は朝の六時の予定です。バスで座ったまま眠っておかなくては、翌日の探索に響きます。眠らなくては……と思うと寝にくいものですが、酔い止めを飲んでいたので、すぐに眠くなりました。

まどろみ、しばし夢の世界の住人になり、気がつけば、もう尾瀬御池のターミナルにバスが入ろうというところでした。バスの窓から外を見ると、山深く、霧がかかり、いかにも清涼《せいりょう》な湿原の朝です。遠くに大きなロッジが見えました。しかも、時計を見ると予定より一時間早い五時です。

「早くに着いちゃったね。隊長に連絡しようか」と、ありちゃん。

ところが、携帯は無情《むじょう》にも「圏外《けんがい》」と表示されており、繋がらなくなっていました。隊員全員の携帯を確認し合うも、誰の携帯も圏外なのです。早くも、隊長と落ち合えないという不幸な事態が勃発《ぼっぱつ》してしまいました。ところが、バスが御池ロッジに近づくと、大きく両手をふる隊長の姿が。

なんとバスが一時間早く到着することを察知して、事前にバス停で待っていたというのです。うう む、どこまでも用意周到です。

ここから沼山峠までは、路線バスで移動し、生まれてはじめて山小屋のトイレに入りました。中は普通に水洗できれいです。トイレの出入り口には、募金箱が設置してあります。値段が書いていないのですが、いわゆる有料トイレのようです。篤志《とくし》にかかっているのでしょうか。

出てきたところで、

「いくら入れた?」と、ありちゃん。

「一円」

**あまりなにも考えずに財布から一円玉を出して入れていました。**

「エッ……」

「相場は百円から二百円くらいですかね」と隊長。

あわてて入れ直します。なぜか、神社のお賽銭《さいせん》気分になっていました。(いや、お賽銭だってもっと入れますよね)

天候はわれわれの心とは裏腹《うらはら》にどんより曇《くも》り。さらに、道の両側は背の高い木が生い茂り、鬱蒼《うっそう》としています。新宿で蒸し暑かっ

たのがウソのように、肌寒いくらいです。

ほかの植物には目もくれず、食虫植物をひたすら探します。ポイントは山道脇の岩のあたりです。

「アッ」

「あった？」

「あーー、ちがった」

「アッ」

「あった？」

「マンネンタケがあった」

「……それも珍しいね」

なんて会話を数回繰り返しつつ。

水苔がもっさり生えているところもあり、いよいよあやしくなってきました。昆虫の研究者いわく、虫を捕獲《ほかく》するための「虫目」というものがあるそうです。虫目になって探すと、他の人よりもより早く、より多く虫を見つけられるのだとか。

食虫植物にも「食虫植物目」というのが絶対にあり、マニア歴が長い人ほど見つけ出すのが早いです。そして、ひとつ見つけると、あとはびっくりするほど簡単に見つけられるようにな

るのです。きっと、「食虫植物目」が形成されるのです。

「あった!!!」

山道脇の大きな石と石の間に、幅三〇センチくらいコケが生えている一帯があり、そこに**モウセンゴケ**が、二〇、三〇株、とにかくたくさん生えていました。

## 食虫植物の形は異質《いしつ》です。

薄暗い山道にやわらかい緑色、ところどころ赤く色づいている葉、輝く粘液、周囲の景色から浮き上がって見え、神々《こうごう》しい御姿です。棒人間の先にしゃもじのような丸い突起《とっき》をつけたような形で、全身に粘液のつぶをまとい、「異星人の仮の姿」という言葉が一瞬浮かびます。

不思議《ふしぎ》です。はじめて**モウセンゴケ**を見たのは、鉢に植わっているもので、面白い形だなあと思ったのが、自然に土に生えているんです。

順序としては、そもそも自然に生えていたのを、園芸植物として導入して鉢に植えるようになったはずですが、出会いが逆だっただけに、自生しているのが奇妙なことのように錯覚《さっかく》します。

「こんな風に生えていたんだね」

貧栄養の土地に生え、栄養を補うために食虫機能を獲得した食虫植物。食虫植物の形は、その機能をそのまま表す形なのですが、そういう知識がどうでもよくなるくらい、ただ、そこに、生きているることを感じるんです。そして、強く思いました。

# 私は、モウセンゴケが大好きだと。



みんなの顔を見回すと、誰しもが無言でうなずいています。声に出して言うまでもありません。隊員全員でただひたすら、無言で激写しました。聞くところによると、われわれのこの動きは鉄オタと雰囲気が似ているそうです。

**モウセンゴケ**を堪能《たんのう》したあとは、尾瀬沼ビジターセンターへ向かいます。ビジターセンターをざっと見た後は、尾瀬沼の周りに沿って、湿地に敷かれた木道を歩きます。

ああ、木道。この木道をとおって、サークルの部長は消えたのでした。食虫植物も見たかもしれません。知る由《よし》もありませんが……。

ぽつぽつと降っていた雨がさらに強くなり、レインウェアをリュックから引っ張り出して、着込みました。雨の尾瀬湿地、あまりにも雰囲気があります。

中腰になって、湿地を見回っていると、木道脇、イネ科の草に混じって、真っ赤に色づいた**ナガバノモウセンゴケ**がありました。これが、噂のマニアが大好きな**ナガバノモウセンゴケ**。思ったより大きいです。尾瀬と北海道にしか生えていないといいます。

手で触れられそうな近さに生えています。真っ赤な腺毛に、雨露にまじり、透明の粘液をたくわえていました。ああ、これが、憧れの**ナガバノモウセンゴケ**なのです。（しつこい）

その名の通り、葉っぱが**モウセンゴケ**に比べ細長く、繊細《せんさい》な御姿です。やはり会話もなく、ひた

すら激写します。これが感動の表現であり、われらの賞賛《しょうさん》の証なのです。

通常**モウセンゴケ**類の粘液は透明ですが、尾瀬で赤い粘液を出す**ナガバノモウセンゴケ**を目撃した話を聞いたことがあります。腺毛から血が噴き出しているかのようだったそうです。都市伝説のようですが、葉の色素が粘液に溶け出したのでしょうか。この後、レギアで確認されています。

何ヶ所にも生えている**ナガバノモウセンゴケ**を見ながら沼尻《ぬまじり》の休憩所に行き、ふたたび尾瀬沼ビジターセンターまで、時間をかけて見ながら戻りました。

## まったく見飽きません。

私もここで「この**モウセンゴケ**を心ゆくまで堪能《たんのう》したい」と、突如湿地に消えたら大物になれるかもしれませんが（まあ、だったら最初からひとりで行けという話ですが……）残念ながら、帰りのサービスエリアで買ったローカル名物の「レモン牛乳」を大事にとっておき、三日後、さあ飲むぞと意気込んだところ、賞味期限がなんと買った当日で、憤《いきどお》ったくらいの小物ですから、すっかり満足して大人しく帰路《きろ》につきました。



大好き！モウセンゴケ！（右）
マニアのあこがれ、ナガバノモウセンゴケ（左）

た、隊長!!!
あれをっっっっ!!!!!!
パシャ
パシャ
パシャ
パシャ
パシャ

# 赤城山ムシトリスミレ

## 野生の姿をさがして……②

「木谷さん。**ムシトリスミレ**が自生しているの、見たかァないですかね」

ある日の食虫植物集会で、江戸っ子のべらんめえ調と悪代官を足して二で割った話し方をする、食虫植物マニアのこち亀さんに前置きなく言われました。

「み、見たいでござる」

突然のことに、思わずワケのわからない口調で返事してしまいました。

まだ**ムシトリスミレ**の野生の姿は写真でしか見たことがありませんでした。**ムシトリスミレ**は花が美しい食虫植物で、特に日本にも自生する種は、花色が藤色で麗《うるわ》しく、これを機会にぜひお近づきになりたいところでした。

「赤城《あかぎ》山に生えているんですがァ」

赤城山といえば群馬県。なんと、日帰りで行ける場所にいるのです。

「行きたいです!」

学名ピングウィクラ・マクロケラス。和名ムシトリスミレ、つまりムシトリスミレ類の中の、ムシトリスミレという種類です。

「今はまだ冬ですから。まァ、時期が来たらお誘いしますよ」

こち亀さんは、悪代官的な笑みを残して去っていきました。

それから半年程経ち、すっかり忘れていた頃、ふたたびこち亀さんから連絡がありました。

「**ムシトリスミレ**が良い時期になりましたなァ。そろそろ参りましょうか」

時は六月、栽培下の**ムシトリスミレ**も、そろそろ開花する季節です。

ふたたび探索メンバーが集結しました。今回のメンバーは、銀河隊長、イラストレーターのありちゃん、編集者の平野さんです。

レンタカーで地蔵岳《じぞうだけ》の麓《ふもと》まで向かいます。思えば、食虫植物が好きになるまでまったく山登りをしたことがなかったのに、数奇《すうき》な巡り合わせを感じます。

**「遭難《そうなん》した時のために、チョコと大きなビニール袋を持ってきたよ」**

と、ありちゃん。

「チョコは非常食だろうけど、ビニールは何に使うの？」

「夜になって冷えたら、かぶって、暖《だん》をとるんだよ」

「そんな。遭難するほど大きな山じゃないよ」

入り口から山頂まで四十分弱くらいと聞いています。彼女の過剰《かじょう》な転ばぬ先の杖《つえ》に大笑いすると、「遭難しても、あげないからね！」と、ありちゃんは拗《す》ねてしまいました。しかし、笑った人間に限って予想できないトラブルで遭難したりするものです。ホラー映画であれば、死亡フラグが立つようなもので、心配になり、あわてて「ウッ。そんなことを言わずに、遭難したら分けてちょうだいよ」とありちゃんに言いました。

そうこうしているうちに、登山道入り口に到着。あたりは鬱蒼《うっそう》と植物が生い茂《しげ》り、霧《きり》がかかっていました。

そして、ひたすら頂上に向かって一直線。きつい傾斜《けいしゃ》の木の階段が続いています。よく修行のシーンでうさぎ跳びをするような階段です。永遠に続きそうな階段を見て、エスカレーターだったらいいのにと思いました。

日頃の運動不足のために、尻込みしたのです。また、階段は地面から浮いた感じで設置してあり、足場と足場の間から、離れたところにある地面が見え、高所恐怖症の私には、とても怖いものでした。なるべく下と後ろを見ないようにして、踏み台昇降《しょうこう》のようにひたすら階段を登ること十分。山道脇に**モウセンゴケ**を二、三株発見！

エスカレーター発言撤回《てっかい》です。エスカレーターだったら、立ち止まれません。

赤城山にもいた!!と、喜びもひとしおです。

「こんなところにも生えているんだ」

「ふしぎな感じだね。山の斜面に、普通に生えているなんて」

「ここは、すぐに見られるのがいいんですよ」

少し離れた所ところには一〇株以上群生《ぐんせい》していました。赤く色づき、折り重なるように生え、それぞれが絡み合い、輝く粘液をまとい、官能美《かんのうび》すらあります。

さらに登ること三十分。さらっと言いましたが運動不足の身には、三十分間段差の厳しい階段を登るのはこたえます。内股がプルプルし、息が切れてきました。食虫植物を見るためではなければ、絶対に登りません。しかし、ここはビギナー向けだそうです。野生の姿を見るのは、楽ではありません。

ただひたすら**ムシトリスミレ**を見たい一心で、山頂につきました。

山頂は開けていて、アンテナ塔がたくさん建っています。すでに開発されてしまった感があり、果たして、ここに稀少《きしょう》な野生の**ムシトリスミレ**があるのかと不思議に思います。

そして、地蔵岳という地名が示す通り、お地蔵さんも、ちゃんとありました。

## 「首がないね……」

お地蔵さん…？

七体くらいお地蔵さんは並んでいるのですが、全員きれいに首がなく、頭があるべきところに丸い石が置いてあり、異様《いよう》な雰囲気を醸《かも》し出していました。

しかし、われわれはお地蔵さんのことはよくわからないし、興味も無いので、それ以上深くはこだわらずすぐに**ムシトリスミレ**の探索に戻ります。

地面を這《は》うように笹の茂みを探していると、ありました！

ほかの草に混じって、淡い緑色の葉っぱが！　葉は星の形をつくるように生えています。

顔を近づけてみると、葉っぱが自身の粘液でぬめって光沢を放ち、黒い点々がたくさんついています。黒い点々はもちろん虫です。指で触ると、粘液で指先が粘りつきました。

この色、この姿、本当に…本当に、きれいです。感動のあまり、言葉を失ってしまいました。

最初の一株を見つけると、あとは簡単です。草むらから、たくさんの**ムシトリスミレ**の葉が浮き立って見えました。

「こっちに花が咲いているのがありますよ！」

皆、転ぶんじゃないかぐらいの勢いで駆け寄ります。

## ああ……、藤色の貴婦人。

見事に花を咲かせている株がありました。この青紫色の花、細かな腺毛で淡い黄緑色に見えるクキ、粘液で濡れる葉っぱ。こんなに美しいものが、ここに、こうして生えているなんて。

ムシトリスミレ類のムシトリスミレ（和名）
ピングウィクラ、マクロケラス（学名）です

花色のあでやかさと対照的に、葉っぱで貪欲《どんよく》に虫を捕っているのも魅力的です。美しいものはグロテスクだし、それを隠そうともしない食虫植物は美しいのです。半分溶けかかる虫が、なおいっそう**ムシトリスミレ**の美しさを際立たせるのです。

「ツいてましたね。ひょっとして、開花してないんじゃァないかと心配してたんですよ。開花してないんじゃ、面白くないでしょう」

と、こち亀さん。

見つけた人のところに寄っていき、全員で「おー」と感嘆《かんたん》の声をあげます。宝探しの気分で地面に這いつくばっての写真撮影会が続きます。他の自生地写真を見ると、水が常にしたたるような切り立った崖《がけ》に、へばりつくように**ムシトリスミレ**が着生《ちゃくせい》していることが多いのですが、ここでは地面に生えています。そして、予想以上に地面が乾いていました。国産の**ムシトリスミレ**は、今まで何回か購入して、そのたびに枯らしてしまっていたので、ここで伸びやかに育っているのを見ると、**あの苦労はなんだったのだろう**とも思います。

むかし、食虫植物愛好会の会長、田辺さんに「自生地の食虫植物を見ると、栽培のヒントにもなるし、ますますわからなくなることにもなるよ」と言われたことを思い出しました。

降りる時は、階段の間から見える地面がなおさら怖く、太腿《ふともも》の痙攣《けいれん》に加えて、恐怖で震えていたのは言うまでもありません。

## 茨城県ミミカキグサ&インベーダー

### 野生の姿をさがして……③

七月も終わる頃。まさに夏のど真ん中に、われわれ自生地探索隊《たんけんたい》は、背より高く生い茂る薮《やぶ》の中へと飛び込みました。

「葦《あし》がすごいですね。ぼうぼうだ」

「イテッ」

横に飛び出た枝をしばらくおさえて進まないと、後ろの人にバチンと当たります。

ここは茨城県にある湿原。先頭にいるのは、今回の探索メンバーの隊長で、自生地の鬼こと浅井さんです。

浅井さんは単独で全国各地を精力的に回って、まだ知られていない自生地を開拓しているマニアです。浅井さんの「行きますか?」との声に、女性植物マニアの葉っぱさん、悪代官口調のこち亀さん、自生地の研究に勤しむおはじきさんとともに集結したのでした。

薮こぎは先頭が一番しんどいのですが、浅井さんは、チェックのシャツの袖をまくりあげ、ハーフパンツ、サンダル履きというスタイルで、さわると肌が切れそうな葦の葉を黙々《もくもく》となぎ倒していきます。ふくよかな体型も役立っているようで、さすが自生地の鬼です。湿地くらいはご近所感覚なのでしょう。浅井さん以外の全員が長靴を装備し、ＲＰＧゲームのパーティーのように、縦一列になってさらに奥へと進みます。

しばらく歩くと突然、後ろから葉っぱさんの大きな悲鳴《ひめい》が聞こえて我に返りました。振り向くと葉っぱさんが、五分袖シャツの肩のあたりを袋状にしてつまんでいます。

**「シャツの中にハチが入ってしまって」**

中には、大きなハチのシルエットが、嫌な音で唸《うな》り、暴れています。

「こりゃ、スズメバチですよ」

**すわっ！なんと！いきなりかなりのエマージェンシーです。**

それにしても葉っぱさん、冷静で的確な対応です。

「どうしましょう」

怖がりつつも、冷静な葉っぱさん。

「上からつぶして殺してしまおうか」

「いや、危ないな」

葉っぱさんは目をつぶると、指を離して、シャツをめくります。すると、スズメバチは唸りながら飛び出すと、そのまま飛び去っていきました。

## 「刺されなくてよかったァ」

危機《きき》一髪《いっぱつ》です。

浅井さんが、リュックから虫除けスプレーを出しました。

「念のため、みんなでこれを使いましょう」

恐怖のあまり、虫除けの霧に包まれるくらいかけました。

葉っぱさんは、怯《ひる》むことなく、冷静を取り戻して（いや、私と違ってもともと冷静でしたが）歩を進めました。

地面に水苔が広範囲《こうはんい》にもっさり生えている一角がありました。乾燥した水苔とは違う、鮮やかな緑色が印象的です。

「ふかふかだね」

水苔のクッションです。十分な空気と水分を含んで、触ると心地よいです。

一同、散り散りになって探索していると、

「ありましたよ」

星のようにきらめく
ミミカキグサ。

と、浅井さん。

駆け寄ると、イネ科の草の間に、真っ赤に色づいた**モウセンゴケ**が生えていました。株の中央から花芽を伸ばしています。葉全体が赤く色づき、しゃもじのように丸くなった葉に霜《しも》のようにびっちりついた粘液が、とてもきれい。

「ほら、一緒に**ミミカキグサ**も生えていますよ」

アッ。なんで、目に入らなかったのでしょう。

星を散りばめたように、辺り一面に、無数の小さな白や紫の**ミミカキグサ**が一面に生えています。気づいた途端に、目にわっと飛び込んできました。人間は無意識のうちに、見るものを取捨選択《しゅしゃせんたく》しているのでしょう。視界の中にはあるのに、言われてはじめて、それとわかるものでした。

「**ムラサキミミカキグサ**と**シロバナミミカキグサ**ですよ」

どちらも、五ミリにも満たない小さな花です。なんて可憐な姿でしょう。淡い紫色の花の下には、よく見慣れた**ミミカキグサ**の細かな葉が、地面に散ったように、生えています。このぬかるんだ地面の下で、虫を捕っていたんですね。

**シロバナミミカキグサ**も、ムラサキに比べて、数は少ないですがありました。

稀少《きしょう》な種類に出会えたことに、感激して写真に撮ります。ところがあまりにも対象が小さくて、上手くピントが合いません。

ナガエモウセンゴケ、インベーダーです。

「これって、**モウセンゴケ**にしては大きいですね」

と葉っぱさん。

　視線の先をたどると、さっき見た**モウセンゴケ**の一・五倍は大きく、葉数が多くて、まるでウニのトゲのように放射線状に葉を伸ばしている**モウセンゴケ**が生えています。なんだこれ。よく見ると、**モウセンゴケ**とは違うように見えます。突然変異《とつぜんへんい》？

**「こりゃア、ナガエモウセンゴケですな」**

と、こち亀さん。

「**モウセンゴケ**の仲間の、**ナガエモウセンゴケ**って種類です。しかも、大型種だ。今まで見た国産のとは別物で外来種《がいらいしゅ》ですよ。**ナガエモウセンゴケ**といえば、北アメリカとかヨーロッパに生えているもんですけど、誰かが種でも播いたんでしょう。それが野生化したんですな」

　外来種のミシシッピアカミミガメが問題になっていますが、食虫植物でも、こういうことがあるんですね。

　海外産らしく大型で丈夫な**ナガエモウセンゴケ**があちこちに生え、**ムラサキミミカキグサ**と湿地で同居していました。

「駆除《くじょ》しちまいましょう」

「ふふふっ。ちょうど**ナガエモウセンゴケ**欲しかったんです」

**ナガエモウセンゴケ**を土ごと、根のあたりから掘り出します。おー、結構深く根が張っているんですよ。掘り出した深さでは足りずに、さらに深い根が地面と繋《つな》がっています。それにしても、食虫植物が、鉢の中ではなく、こうやって地面に生えているのは、やっぱり不思議《ふしぎ》です。

根がしっかりしていて、あまり強く引っ張ると切れそうです。慎重にやさしく、ずるずるっと地面から引きはがしました。地面に突き刺さっていた、根を抜く感触《かんしょく》が指に伝わるのが快感《かいかん》です。マンドラゴラのように「ギャー」と叫びはしませんが、異星人的風貌《いせいじんてきふうぼう》が、いかにも叫びそうに感じさせます。こうして、上手いこと、**ナガエモウセンゴケ**を手に入れました。

そして、さらに進みます。

「こりゃァ、ひどいな!」

**サラセニア**が植えてありました。**サラセニア**も**ナガエモウセンゴケ**と同じく北アメリカ、カナダに生える良虫植物です。

「誰かが植えたんだろうなあ」

マニアに決まっています。この場所を知っているマニアが植えたのでしょうが、地植えで育ち、殖えるか実験しているのか、大きくなってから収穫するつもりなのか。それにしても、日本の湿地に生える**サラセニア**のシュールなこと。周りの草もさぞや驚いていることでしょう。



## 口がきけるなら「おまえ、何者だ」と問いたいに

# 違いありません。

「抜いちゃおう。駆除《くじょ》、駆除」

「駆除してどうするんですか」

「まあ抜いたところで、品種がわからないものは要らないな」

と、あくまでも己のポリシーを変えない皆さん。

「それなら、もらいます」と私。

今度は**サラセニア**を手に入れました。

**サラセニア**をビニール袋に入れて、浅井さんの車で次なる場所へと向かいます。

ついたのは、小《お》美《み》玉《たま》市《し》にある大きな公園でした。周囲は一面、田んぼです。

「確かここら辺だったはず」と浅井さん。

先程よりも地面が乾いていて、本当にここに生えているのだろうかと思うような場所でした。

「浅井隊長、ありました！」

紫、白につづいて、黄色の星、**ミミカキグサ**が咲き乱れています。

近くに**モウセンゴケ**も顔をのぞかせていました。鉢の中にみっしりと生えているのしか、見たことがなかったのですが、こんな風に

突然あらわれるサラセニアです（上）

生えているんですね。あちこちの地面から、ひょろひょろと花茎を伸ばす**ミミカキグサ**は、チンアナゴのようでもあります。しかし、不思議なことに、ここには**ムラサキミミカキグサ**と**シロバナミミカキグサ**は見当たりません。棲み分けがあるんでしょうか。

**ミミカキグサ**を見ていると、視点の先にまた違う**モウセンゴケ**の仲間が生えていました。

「ありましたね」にんまりする浅井さん。

「ウワー、すごい……」

はじめてです。繊細で美しい**ナガバノイシモチソウ**が自生しているのです。あまりにも美しい姿に、しばし言葉を忘れて、カメラのシャッターを押しまくりました。

**ナガバノイシモチソウ**は、**モウセンゴケ**類の中でも、葉が細く、互生につき、細い葉をくねらせるように伸ばしているのです。淡い緑色の葉にびっしり生えた繊細な腺毛に、粘液がまとわりつき、輪郭《りんかく》をさらに柔らかにさせています。粘液のそこかしこに黒い点になった虫がつき、なんでこんな植物がこの世に存在するのかってくらい、美しいのです。

生き物は、生きているだけで、あまりにも美しいです。それに加えて食虫植物ときたら。生と死が巡る業、そのグロテスクさは、美しさの本質です。「醜い」は、美しい。「美しい」は、醜《みにく》い。食虫植物の奇跡《きせき》の生態に打ちのめされました。

私は食虫植物を見るたびに「生きてていいよ」と言われているように感じられ、勇気づけられます。感動で持っていたビニール袋を落としそうになりました。いや、何度か落としています。しかも、ちょうど開花時期で、直径1センチくらいの白い可憐《かれん》な花も咲いていました。清楚《せいそ》、愛らしい、といった言葉がぴったりです。

感動をそのままに、車でさらに移動します。着いたのは、石岡市の自然公園の大きな池でした。

「ここは?」

「池をよく見ると、**タヌキモ**がありますよ」

池の淵《ふち》に生えているガマの周りに、藻《も》のようなものがまとわりついています。

**「これが、タヌキモ?? これがタヌキモなんですか??」**

うわごとのように繰り返してしまいました。水生の食虫植物が、目と鼻の先にあります。こんな風に自生しているんだ。

**タヌキモ**は小さな捕虫嚢《ほちゅうのう》をもち、吸い込み式で水中の虫を捕まえます。私は金魚すくいのビニール袋のようなものに水と一緒に入れて売られている**タヌキモ**の姿しか見たことがなく、抽水《ちゅうすい》植物の周りにまとわりつき、浮かんでたださまに度肝《どぎも》を抜かれました。

「これだったら、近所の公園にもありそうですね」

ナガバイシモチソウと、その花です（上）

「ところが、なかなか自生しないんですよ」と浅井さん。

知らなければ、なんだコレです。

よく見ると、小さな捕虫嚢も見えます。

「水質が悪くなっているんですね。段々減っているんですよ」さびしそうに言う浅井さん。私と同い年なのに、**タヌキモ**を長年見続けてきたんですね。私は存在すら、長年知りませんでした。

食虫植物の存在も不思議ですが、私にとっては、マニアの存在も、けっこう不思議です。一生知らずに生きる人もいるはずなのに、食虫植物をひたすら追いかける人生もあるんです。

「スイレンも浮かんでますね」(スイレンくらいはわかります)

「アレもヒツジグサじゃないな。外来種のスイレンですよ」

とこち亀さん。

「アッ、ほんとうですね」

と葉っぱさん。

## なんでそんなに、植物にくわしいんですか……。

最初から最後までインベーダー(外来種)と縁があった探索でした。



ただようタヌキモが見られます(上)

# 栃木県渡良瀬遊水池ナガバノイシモチソウ

## 野生の姿をさがして……④

食虫植物マニアは自分で発見した自生地を大切にしています。いわばキノコが生えている場所のようなもので、マツタケが生えているところは親兄弟にも教えないのと似ていますね。

教えたくないけど、同好《どうこう》の志には教えたい、でも荒らす人には教えたくない。そんなジレンマが生まれる危険なブツです。

これまで色々な場所に連れて行っていただきましたが、栃木県にある渡良瀬遊水池《わたらせゆうすいち》もそのひとつでした。渡良瀬遊水池は、栃木県、群馬県、埼玉県、茨城県にまたがる日本最大の遊水池で、はじめ、遊水池ってナンゾヤって思ったのですが、どうやら河川の水を一時的に氾濫《はんらん》させて、洪水《こうずい》の量を少なくさせるための調整地のようです。

ここ渡良瀬遊水池には、**ナガバノイシモチソウ**が群生していると噂に聞き、ぜひ行ってみたいと思っていました。**ナガバノイシモチソウ**は、アフリカ、インド、東南アジア、オーストラリア、日

本に自生する**モウセンゴケ**の仲間で、細い葉が互生《ごせい》につき、葉先が軽くうねって四方に伸びている形の繊細《せんさい》な食虫植物です。また、多くが白花なのに対し、豊明市の**ナガバノシイモチソウ**は濃いピンク色の花を咲かせることでも有名です。

**ナガバノシイモチソウ**の大群生、きれいだろうな見たいなあ。そう思っていた折に、よい場所を発見したという食虫植物マニアのシマさんに連れて行ってもらえることになりました。八月も中旬の頃です。ちょうど**ナガバノシイモチソウ**の花が開花しようかという時期で、連日三〇度を越える盛夏《せいか》でもありました。

探索メンバーは、シマさん、**モウセンゴケ**栽培の名人中村さん、おはじきさん。みんな、**モウセンゴケ**が大好きなおじさんです。

最寄り駅に集合して、シマさんの車で現地に向かいます。途中、渡良瀬遊水池湿地資料館に寄りました。

「この資料館限定の冊子《さっし》が売っていますけど、皆さんは買いますか?おれは買いました」と、いきなり資料館の回し者のようなシマさん。「当然、買います!」買ったことに満足して、どこかにいってしまうこともありますが、この手の資料は絶対に手に入れるようにしているのです。資料館を後にして、**ナガバノイシモチソウ**が生えている場所に向かいます。湿地に降りていきます。斜めになっている地面を歩くのが苦手な私は、ここでも遅れを取ってしまうのでした。

ようやくお目当ての遊水池に辿り着くと、奥の方に背くらいの高さのある広大な葦原《あしはら》。手前は原っぱでした。そして、原っぱの中には若草色にけぶるように、**ナガバノシイモチソウ**が生えています。それは、もう何百株と。**ナガバノシイモチソウ**の、淡い緑色の絨毯《じゅうたん》です。**モウセンゴケ**は腺毛が生え、粘液をまとっているために、遠景《えんけい》だと生えている一帯がワントーン淡い色に見えます。それがまた、**モウセンゴケ**特有のオーラとなり、美しいのです。興奮する私。「なかなかですな」と中村さん。「ここはね。うん、すごいんですよ。皆さんに見せたかったんです」と、なぜか照れるシマさん。

**ナガバノイシモチソウ**に、ふらふらと近づこうとすると、踏んだ土からじわっと水がしみだしてきます。

進む程に、湿り具合も強くなり、水がたまっている場所もあり、履いてきたトレッキング・シューズの防水機能ではもちそうにありません。見れば三人とも、ちゃんと防水用の靴や長靴を履いています。

「……準備万端ですね」

事前にシマさんに、長靴の方がいいですよと言われたことを、今更思い出しました。

「しょうがないですね。こうすればいいですよ」

このナカバイシモチソウの姿に
心を奪われて……（上）

中村さんが、カバンからスーパーの袋を二枚、しゅるっと取り出します。

「この袋を靴のまま履いて、足首のところを結ぶんです」

ビニール袋を履き、手で持つ部分をヒモ状にして、足首のあたりで結び合わせます。おー。

これで防水はバッチリです。靴も濡れません。どんなに湿地に入っても大丈夫。

ビニール袋歩行に進化をとげると、ぬかるみに足を踏み入れて、大喜びしました。

しかし、長靴の人たちの中でひとりビニール袋靴。絵面《えづら》的には完全にオミソです。いや、迷惑をかけているので絵面だけじゃなく、実際にオミソです。小学生の時の鬼ごっこで、運動音痴のため、命《ライフ》がゲームの主人公のように、三つもあったのを、ぼんやりと思い出しました。

ビニール袋を履きようやく冷静になったところで、しみじみと**ナガバノイシモチソウ**の群生を眺めます。

虫になって、この**ナガバノイシモチソウ**の腺毛の絨毯の中を転げ回りたい。飛び込みたい。なぜ虫じゃないんだ!と、しまいには自分が人間であることに憤《いきどお》りを覚えました。グレゴール・ザムザが羨ましくなるくらいです。

撮影を続けていると、汗があふれてきます。容赦《ようしゃ》なく照りつける太陽。暑い、すごい湿気。たまらん、ビールが恋しい……。立ちあがるたびに、めまいに襲《おそ》われます。

でも、構いません。こんなに大量に食虫植物がひとところに生えているのを見ることができるなんて滅多にないんです。

暑い……

三重県に自生する**イシモチソウ**も見事でしたが、**イシモチソウ**とはまた違う魅力が、**ナガバノイシモチソウ**にはあります。繊細な葉、細かな腺毛、かがやく粘液、四方八方に炎のフォルムのように葉を伸ばす形。そうです、命を燃やす緑の炎です。緑の炎に焼かれたい。同じように焦がれる思いをしたのか、葉に粘りつく黒い無数の虫。上品な純白の花。

**ナガバノイシモチソウ**は、こんなところにみんなで暮らしていたんだね。と、感動でこみあげるものがあります。

ふと周りを見渡すと、痩身《そうしん》、丸メガネのおはじきさんがクリーム色の棒をもって、熱心に地面に突き刺しています。

「なんですか、ソレ」

「ああ。フィールドワーク用の折れ定規《じょうぎ》ですよ」

確かに、三分割くらいに折り畳《たた》めるもので、おはじきさんは、それをおもちゃのヘビのように器用に操っています。

「それで、なにしているんですか」

「**ナガバノイシモチソウ**を計測しているんです」

おはじきさんは、さらに機器を取り出します。

「これは、湿度温度計とＧＰＳです。自生地の場所を記録するんですよ」

なんとハイテクな。皆、この貴重な時に、真剣に色々なものを賭《か》けているのです。ビニール袋を履かせてもらっている場合ではありません。

地面に置いた湿度温度計を見せてもらうと、気温三二度、湿度は六〇%を越えていました。

## 不快指数《ふかいしすう》100！

でも、それを打ち消すくらいの「快」がここにはあります。

**ナガバノイシモチソウ**の周りには、さらに**ミミカキグサ**がたくさん生え、五ミリくらいの黄色い花を、空に浮かぶ満天の星のように咲かせています。まさに、食虫植物の楽園でした。

次は羽生《はにゅう》市、宝蔵寺沼《ほうぞうじぬま》に移動です。**ナガバノイシモチソウ**の群生、**ミミカキグサ**のゲストだけでもゴージャスなのに、さらに、**ムジナモ**まで見てしまおうというのです。

「ここが、かの有名な宝蔵寺沼ですよ」

何度この名前を耳にし、書いたことでしょう。羽生市になる宝蔵寺沼は、日本における、**ムジナモ**の最後の自生地です。**ムジナモ**は、かつては利根川、淀川、信濃川、木曽川に自生していたといいます。しかし、川の汚れや歴史的な台風で、絶滅《ぜつめつ》してしまったそうです。宝蔵寺沼においても一度絶滅したのですが「**ムジナモ**保存会」が人工増殖《じんこうはんしょく》した**ムジナモ**を流し、植生《しょくせい》を回復させています。また、この場所ではありませんが、**ムジナモ**を最初に発見したのは、植物学者の牧野富太郎

黄色の星、ミミカキグサのアップです。

です。

私は**ムジナモ**が大好きです。**ハエトリソウ**と同じ二枚貝の形をした罠《わな》をもち、しかも、その罠は極小で、罠が外にくるように車輪状に連なっているのです。なんて良くできているんでしょう。この形だけでもたまりません。

日本食虫植物愛好会に出入りしたばかりの時、当時高校生だったマニアの少年に『すきとおる草**ムジナモ**』という、マニアックな絶版《ぜっぱん》本を貸してもらったのでした。

喜びに満ちて憧れの宝蔵寺沼を眺めます。水がある面積は小さく、沼というよりため池のようです。保護地域らしく、囲いがありました。囲いの中には、絶滅の危機にあるのが嘘のように、浅く濁《にご》った水辺を覆い隠して、ふわふわもこもことした**ムジナモ**が浮かんでいます。透き通る葉、根をもたず浮かぶ、**ムジナモ**。

本当に食虫植物は、虫を捕るというアグレッシブな生き方に相反するような、繊細な形をしています。**ムジナモ**もそうです。これらの食虫植物を見るたびに、胸が高鳴《たかな》って仕方がないのです。

**ムジナモ**が暮らしている水辺が、この世のどこかにある。（ここですが）そう思うだけで……

**世の中悪いもんじゃないと思えます。**

＊あくまで妄想です。絶対にムジナモの池で遊んではいけません。

# 命がけの雲竜渓谷「コウシンソウ」探索

これまでに色々な自生地に行き、あらかた国内に自生している食虫植物は網羅《もうら》していました。ところがまだ見ていないもので、これを見ずして……、という食虫植物があります。

今回はそれを見るために、日光の雲竜渓谷《うんりゅうけいこく》に行くことにしました。いかにも本格的な登山場所です。運動神経の悪い私が果たしてついていけるでしょうか。

探索メンバーは、ふたたび銀河隊長、昆虫も好きなおますさん、山野草とアイドルも好きなシマさん、悪代官口調のこち亀さん、イラストレーターのありちゃんです。

まずは北千住駅改札に集合。私が着いてすぐにありちゃんがあらわれました。

「朝早く起きられるかなと思ったけど、大丈夫だったよ」

リュックに、ドクロがプリントされたTシャツがかわいいのでした。

「おしゃれなファッションだね」

「そんなことないよ。ふふっ」

続いてシマさんがあらわれます。シマさんは淡《あわ》いブルーグレーのつなぎを着て、藤子不二雄《ふじこふじお》のマンガ『怪物くん』の帽子に似たものをチョイスして被っていました。目が合うと、胸の辺りでかわいく手を振ってくれました。

「……つなぎですね」

**「うん、自生地に作業着はいいんですよ。不審者《ふしんしゃ》と思われないでしょ」**

カモフラージュ？

「その帽子は……」

「釣りキチ三平って、マンガを知っていますか？　そのマンガに出てくる鮎川魚紳《あゆかわぎょしん》を意識したんですよ」

マンガっていうところは当たっていました。なにはともあれ、シマさんは強いこだわりをもっていたのでした。

全員集まると東武特急に乗り、東武日光駅を目指します。駅のホームで、列車がくるまで時間の余裕があったので、隊長の銀河くんの提案で軽く自己紹介をすることに。いざ自己紹介をしようとしたところで、

「みんな知り合いじゃん！」

とつっこむおますさん。そういえばそうですね。

東武日光駅からレンタカーを借り、車で登山道入り口まで向かいます。入り口はなだらかなのぼり坂で、それほど険しさを感じさせないのでした。しかし、今まで行った自生地とは、難易度《なんようど》が違います。

車から降りて、二車線はとれそうな、広々とした登山道をのぼっていきます。途中に、道の脇に鹿の頭蓋骨《ずがいこつ》がありました。欠けることもなく、真っ白できれいな状態です。

「とりあえず撮ろうか」

最初の被写体は、鹿の頭蓋骨でした。

見晴《みは》らし台を越えて、歩くこと二時間。ゆるやかな上り坂を登るのは、思いのほかしんどいです。

## 「お昼にしましょう」

コンビニで買ったおにぎりやサンドイッチを取り出して食べます。なぜか、五メートルにもわたって広がっています。ネタではないんです。フリーダム、フリースタイルです。

まあ、広い場所に来たからでしょう……か。それぞれの距離が1メートル以上空いています。食虫植物が好きという共通項だけで、本当は仲が悪いんでしょうか、ねえ。

「なんで、こんなに間が空いているん……ですかね」と言って、シマさんの隣に腰を下ろしました。

「さあ」と、首をかしげるシマさん。

一番端にいるありちゃんが小さく見えます。こち亀さんなんか、立って食べています。こんなに座る場所があるのに、なぜ。あまりに斬新《ざんしん》です。

「結構時間が押しています。急ぎましょう」と銀河隊長。タイムキーパーもしてくれています。

「携帯トイレも一応持ってきていますので、必要だったら言って下さいね」と、さらに用意周到な隊長。ご好意はありがたいのですが、使用済みの携帯トイレをかかえて歩くのは憚《はばか》られます。

さらに登ること二時間。合計四時間以上も歩いています。こんなに時間をかけて登山したのは、はじめてでした。ペースをあげると、さすがに息があがってきます。

こち亀さんが、しんどそうに膝《ひざ》に両手をついて立ち止まります。顔色は悪く、土色でした。

「がんばれ、おとうさん」と、こち亀さんを励《はげ》ますシマさん。

「といっても、おれとあんまり年変わんないけどね。うふふ♪」

「つらそうですね」

「倒れたら、救急車はここまでこれないね。ヘリだろうな」と、不吉なことを言うおますさん。

「自分がおぶりますよ」と隊長。

## “自生地にて死す”では、シャレになりません。

三〇メートルくらい遅れたところで、シマさんにとなりで励まされつつ、こち亀さ

んが歩いています。

次第に霧が出てきて、冷気がまとわりつき、肌寒く感じます。道に落石《らくせき》も多くなってきました。大きな石がゴロゴロと落ちている一帯があり、石によじのぼり降ります。石の大きさも段々大きくなり、怖くて進めません。

「た、たすけてー」

## 「しょうがないな」

おますさんに手を引いてもらいました。石を昇り降りするのに、すごく時間がかかり、自分が一匹の小さな虫になった気持ちがします。山登りビギナーの私ですら、人間の力は無力だ。自然は圧倒的だ。と感じます。アリも障害物を越える時に、こんな気持ちになるんでしょうか。あとで、ここらへんで滑って骨を折った登山愛好家のブログを読み、ぞっとしました。

銀河隊長とありちゃんは、鹿のように身軽にぴょんぴょんと飛び越えています。

うっ、野生力で完全に負けています。

さらに瓦礫《がれき》を越え、道というよりも崖《がけ》を進みます。足を踏み外せば、奈落《ならく》の底です。

石を越え、横に突き出た木の枝をくぐり、進んだ先に
「ああ……」

ありました。そして、言葉を失いました。

**コウシンソウ**です。足場の悪いここの崖に、**ムシトリスミレ**の仲間の**コウシンソウ**がへばりつくように生え、花を咲かせていました。標高にして、一五〇〇メートルです。

「こんなに小さいんだ」

写真で見たことはあったのですが、生で見るのは、はじめてです。まさか、見られるとは思いませんでした。

**コウシンソウ**を知らないマニアはいないです。日本固有の高山性の**ムシトリスミレ**類の一種で、庚申山《こうしんざん》で発見されたことからその名がついたのです。また、自生地は天然記念物指定されています。

株全体が、手の平におさまるほどの大きさで、あまりにも可憐《かれん》な姿でした。崖の上の方に、三〇株くらいまとまって群生しています。

予想していた以上に可憐で、今にも消えてしまいそうな儚さ。霧の中からあらわれる姿は、山に住む妖精のようです。実際に、自生地は少なく、崩落したら絶滅してしまうでしょう。

こんなに貴重な機会はありません。

**コウシンソウ**に近寄ってじっくり見ます。花色はごく淡い紫色で、花茎《かけい》が二又、株によっては三又に分かれています。枝分かれしない種類の多い**ムシトリスミレ**類の中では

独特で、花が双子、三つ子のように並んでいます。葉っぱは、短く丸みを帯びているのでした。その小さな淡い緑色の葉に小さな虫が点々と捕まっています。花茎には極細かい腺毛が生え、粘液できらきらかがやいていました。華やかさはありません。

赤城山の**ムシトリスミレ**が貴婦人だとしたら、**コウシンソウ**は年端《としは》もいかない少女です。悪い人につかまったら、消えてしまいそうな。

## 少女時代にしかない透き通る美しさ

を、コウシンソウはもっていました。それゆえ、盗掘《とうくつ》も多いのでしょう。少女は犯しがたく、同時に汚されやすいと。

しかも、**コウシンソウ**の自生地自体が不安定な場所にあり、常に崩落で絶滅の危険をはらんでいます。もうひとつの自生地である男体山は、崩落してしまいました。そもそもここに来るのでさえ、落石の岩石をくぐり抜けてきたのですから。

近くに**ユキワリソウ**や**ダイモンジソウ**も生えています。果たして、**コウシンソウ**をもう一度見ることはできるのかと、切なく思いました。

「長年の夢が、かないました」紅潮《こうちょう》し、感極《かんきわ》まるシマさん。

ふっと息をついた時に、ひとすじの風が吹き抜けました。

少女（コウシンソウ）たちの
はかない楽園です。

# 石垣島、幻のコモウセンゴケ

食虫植物の自生地を自分で開拓《かいたく》したい。それは食虫植物マニアにとって、永遠のロマンです。永田洋子さんとハーブの取材で、石垣島《いしがきじま》に行く機会があり、ぜひ石垣島の食虫植物を探してみたいと思っていました。

西表島《いりおもてじま》や沖縄本島の**コモウセンゴケ**は見つかっていて、食虫植物関係の会誌にも情報があります。沖縄本島の**コモウセンゴケ**も見たことがありました。

まだ見ぬ自生地を求めて……思っただけで、心が熱くなります。なんとしても探し出したい！

事前にネットを検索したところ、地元の人が**コモウセンゴケ**の写真を載せているのを見つけましたが、石垣島といっても広大なので、肝心《かんじん》の場所はわからず、アタリもつけられずにいました。

石垣島に到着し取材の合間に、

「食虫植物が生えていそうな場所ってありますか」

っと、ざっくばらんに、取材先のハーブ園「もだま工房」の彦田さんに聞いてみました。

（思えば唐突《とうとつ》すぎましたが……）答えは、当然ながら「わからない」です。宿泊先のホテルの観光案内の人、タクシーの運転手さん、お土産物屋さんなど、地元の人たちに聞き込み調査を続けました。まずは、食虫植物がどういうものかというところから説明しなければならなかったので困難を極めましたが、依然手がかりはつかめず、半《なか》ば諦めていました。

仕方がないので調査はいったん中断し、夕飯にしようと、石垣島の珍しい海産物を食べさせてくれるダイニングバーに入ったのでした。

そこでは、アダンの新芽、シャコガイ、ホラ貝の刺身やウツボの煮込み、ヤシガニなど珍しい物を食べました。特にウツボはむちむちしていて、皮のゼラチン質に歯が食いこみ、干しなまこを煮た料理とも食感が似ていて絶品です。

たらふく食べたあとに、店の本棚をなにげなく見て、あるものに気づきました。淡水エビやラン、山野草の本が置いてあるのです。この手の本を買う人は、まちがいなく食虫植物が好きです。食虫植物マニアは、山野草愛好家、アクア趣味の人と層がかぶりますから。

「もしかしたら……」

「ここの店のご主人に聞いてみたらどうでしょう」

永田さんも気づいたようです。柔和《にゅうわ》な表情の奥にある鋭いまなざしで、うなずきました。

祈るような気持ちで聞いてみたところ、ビンゴでした。

なんと、ここのご主人はよく**コモウセンゴケ**を見に行くというのです。また、ネットに掲載されている写真を見せたところ、知り合いとのこと。

しかし、ご主人は口ごもります。

「貴重な場所なので教えられません」

そりゃあ、そうです。いきなり入ってきた客に大事な宝の場所は教えられません。私たちの素性《すじょう》もよくわからないのです。のどから手が出るほど聞きたかったのですが、それだけ貴重だということを理解している方であれば、なおのこと仕方ないと、店を出ようとしました。

まさに帰ろうとしていたその時。ご主人から「待って下さい。ヒントを出します」と、ある地名を教えていただきました。晴天の霹靂《へきれき》。気分はもう探偵です。教えてもらった地名をハーブ園の彦田さんに、電話で伝えました。

すると、

「そこらへんは、なんとなくわかりますヨ。じゃ、明日にでも探検にいきましょう」

探検という言葉の響きに、いやがおうにも、鼻息が荒くなるのでした。

翌朝永田さん支給のおそろいの探検ルックを着こんで、気合い十分な私たちに、

**「おそろいですネ」**

と、ぎょっとする彦田さん。

虫除けの薬が生地に入っているんですよ、これならジャングルにも入れます。フンフン♪

気温は三〇度と暑いものの、都会のように蒸す感じはなく、爽《さわ》やかです。トラックに揺られ、風

を感じ、開放的な気分になります。電線にはカンムリワシがとまっています。農道を走りしばらくすると、シダが生い茂る森林の前で車が停まりました。トラックから降りて、彦田さんが用意してくれたヒザまである長靴にはきかえると、いざジャングル探検です。

「なぜ長靴ですか」

## 「川に入っていくのと、ハブ対策ですネー」

彦田さんは、背が高く痩身《そうしん》でポニーテールのマレーシア人的風貌《ふうぼう》をした日本人です。イントネーションもどこか、異国情緒《いこくじょうちょ》があるのでした。

「ハブがいるんですか!!」

「いますよー。よく手で捕まえて、放り投げますヨ」

ひえー、危ないです、ハブも彦田さんも。自生地探索は命がけです。

「ところで、彦田さんは、生まれも育ちも石垣島ですか?」

「いえ、東京です」

「へえっ!?、意外です」

聞けば、自給自足を目指して島に渡り、しばらく遊んで暮らした後に、アーユルヴェーダハーブ園「もだま工房」を立ち上げたとのこと。

森林を入っていくと、さらさらの砂地で川が流れています。われわれは浅くゆるやかな川に飛び込み、上流へと進んでいきました。

川の中を歩くのは難しいです。体重をかけると沈み、石でボコボコしていて、足を取られて、なかなか前に進めません。ところが、三人はすいすいと進んでいきます。

情熱を頼りに前に進みますが、運動音痴でどうもいけません。

幸運にもハブには遭遇《そうぐう》せずに、さらに奥へと入っていきます。

「ここらへんにありそうじゃないかなあ」と彦田さん。

「あったー!」

思わず叫んで駆け寄りました。

川からそれほど離れていない地面に、かわいい、かわいいロゼットの**コモウセンゴケ**が、一〇、二〇……いや、四〇株、一畳くらいの面積に生えています。

周りに背の高い木が生えているために、それほど日がさし込まず、薄暗い中に、きらきらの粘液をたくわえて、やわらかな緑の葉を伸ばし、のびやかに息づいています。

## 「なんで、こんなところにいるのよ、もう〜」

と気心の知れた友達に異郷《いきょう》の地で再会した、そんな気分にもなりました。落ち葉や流木が周りに堆積《たいせき》し、ヒカゲノカズラの仲間やコケが一緒に生えています。千葉の茂原《もばら》で見る**コモウセンゴケ**より大きいものでした。赤味もうっすら色づいているといった具合で、花芽をつけています。

茂原が小型で険しい顔つきだとしたら、石垣島の**コモウセンゴケ**は、南国らしくのんびりとしてやわらかな顔つきでした。その美しさ、独特のオーラに胸が打たれて、祈りを捧《ささ》げたくなりました。たまらず写真をたくさん撮ります。

株の中央から花芽をぴょろんと出していて、見れば種がついていて、その種を採集しました。

「うー」

私は散々《さんざん》迷《まよ》った挙げ句に、言いました。

「お願いがあります。石垣島に**コモウセンゴケ**が自生している話は今まで聞いたことがありませんでした。貴重で稀少《きしょう》なはずです。それに加えて、ここの自生地は不安定でなくなる可能性があります。この貴重な**コモウセンゴケ**をサンプルとして一株欲しいです。必ず殖やしますから」

私のお願いに、彦田さんとパートナーの女性は困った顔になりました。

ところが、彦田さんは少し迷った後に毅然《きぜん》と言いました。

「わかりました。自然の中で大切にしておくのも必要なことかもしれません。でも、ここにしかないのなら、増殖するのも大事なことでしょう」

「案内してくれたのに、重ねてお願いしてすみません」

頭を下げて、一株やさしく掘りました。それほど根は深くなく、地面から外れるように、ぱかっと採れました。

この美しい**コモウセンゴケ**がなくなることを防ぎたいのか、貴重なものを手に入れ支配したいエゴなのか、殖やすことでそれを贖罪《しょくざい》するのか、ヒントをくれたお店の人の気持ちを踏みにじるのか、自分の気持ちが、自分にすらよくわかりません。でも、私はこうやって手にしたことは確かです。

「十年住んでいるけど、はじめて見ましたヨ」

と彦田さん。

今まで自生地を案内してもらったことはあったのですが、探し出せたのは、はじめてです。もちろん、多くの方のご協力あってのことです。

**そしてなにより、コモウセンゴケが**
**呼んでくれたように思えてならないのです。**

# オーストラリアの自生地と狂さんの涙



食虫植物の自生地は、世界中にあります。**ハエトリソウ**が自生する北アメリカ、**モウセンゴケ**が自生する南アフリカ、様々な**ウツボカズラ**が自生するマレーシア。

どこも一度は行ってみたいところですが、特に行きたい場所が、球根性《きゅうこんせい》の**モウセンゴケ**をはじめ、**ウトリクラリア**、**セファロタス**など様々な食虫植物が自生するオーストラリア南西部です。オーストラリア産の食虫植物を輸入しているマニアは多く、**モウセンゴケ**好きなら一度は訪れたい場所です。そのオーストラリアに一週間行ってきた狂さんを囲んでの会が開かれるので、私はいそいそと蒲田《かまた》の居酒屋「鳥万」に向かいました。ここは即売会の打ち上げでも、よく使っているところです。

はじめて食虫植物愛好会の人たちと出会ったのもここでした。木造の五階建てで、昭和の面影《おもかげ》が色濃く残る大衆《たいしゅう》居酒屋です。古くなってツヤの出た畳の座敷《ざしき》にあがると、すでに面子《めんつ》は揃《そろ》い、皆さんいい感じに酔っていました。

狂さんがこっちに気づいて、手を挙げます。

「おおー、ここだ、ここだ！」

還暦《かんれき》のガキ大将、狂さんのとなりに腰を下ろし、ビールを頼みました。

バラのような形のゾナリア（左）。ヒトデのようなブルボサ（中）。
コントラストが美しいエリトロリザ（右）

カンパイもそこそこに、プリントアウトした写真を見せてもらいます。

写真に映っているのは、オーストラリア産の**モウセンゴケ**の仲間たちです。バラの花のような形で葉をつける**ゾナリア**、赤と緑のコントラストが美しい**エリトロリザ**、真っ赤な**ブルボサ**の大《だい》群《ぐん》生《せい》、**イシモチソウ**に似て、さらにがっしりしている**ストロニフェラ**の野生の姿が撮影されていました。

日本の**モウセンゴケ**が湿地に生えているのに対し、オーストラリアの**モウセンゴケ**は白っぽいケイ砂のような地面に生えています。

バラの花の形にそっくりな**ゾナリア**は、おしろいをまぶされたようになっていました。

「こんな風に生えていたんですね。すごい！」

「すごいでしょう」

「いいなぁ、狂さん」

「いいでしょう。うふっふふ」

会社を一週間休み、食虫植物の研究者の柴田先生、若林さんと一緒に、オーストラリアの自生地を回ったと聞きました。

交通の便が悪いため、自生地から自生地まで離れているのを車で移動し、走行距離は千キロにも及んだそうです。ものすごい情熱です。でも、私も行きたい……この目で見てみたい。

「公道を走っていると、カンガルーを轢《ひ》きそうになるんだよ」

「轢いたら、罰金でしたっけ」

「そうだったけな」

「あっ、**セファロタス**の写真もありますね。見たんですか?」

「あったよー」

「うわあ、いいなあ、いいなあ、生で見れて、いいなあ、狂さん」

みんな大好き、**セファロタス**。私も**セファロタス**を見つけるたびに買ってしまいます。アメコミのポリバケツに毛が生えたような形の食虫植物で、袋状になったところに落ちた虫を消化します。栽培がコツをつかむまで案外難しく、高湿度を必要とし、大きな袋がつくまでに時間がかかる、生長《せいちょう》の遅い食虫植物です。

私はこの**セファロタス**が好きで、好きで……冷静ではいられません。**セファロタス**の自生地を肉眼で見た狂さんに、嫉妬《しっと》の念すらわいてきます。私も生で見たい…………。

「野生の**セファロタス**は、ガッシリしてますね!」

写真を見ると、焦げたような黒い地面に**セファロタス**が自生しています。野風にさらされているせいか、がっしりと締まっていて、人でいえば、筋肉質な姿でした。

「どんなところに生えていたんですか?」

「海の近くにある湾曲《わんきょく》した崖で、満潮《まんちょう》になると崖の下は、海水が満ちてきて歩けなくなるんだよ」

と、狂さんの代わりに、同行者の若林さんが答えます。

若林さんは、年季の入ったマニアで、タイやインドをはじめとした自生地に足しげく通っています。

「オーストラリアは植性が独特ですね」

「そうなんだよ。今まで見たことのないものばっかりで、楽しくて」

狂さんは、食虫植物の写真を、愛おしそうになでます。

「こんなに、素晴らしいものをこれ以上見たら、体ひとつでは受け止めきれないと思って怖かったよ。今まで何十年と、オーストラリアで見学してきたすべてを、おれに見せてくれたんだ。本当に、本当に……面白かったんだよ」

**狂さんは声をつまらせ、メガネの奥で、大粒の涙を流していました。**

みんな、狂さんの突然の涙にうなずき、もらい泣きします。

「わかるよ、狂さん」

「うん、うん」

私も熱いものがこみあげていました。

うらやましい自生の
セファロタス。

# 狂さんの屋上廃墟庭園

## 食虫植物マニアのお宅訪問………①

「狂さんにけっこう植物をあげてるけど、狂さんの栽培場でどうなっているか見てみたいわ」

ある日、**モウセンゴケ**栽培の名手《めいしゅ》中村さんが言いました。たしかに、過去の記憶を発掘すると、狂さんは何でも欲しがっていました。

「やめてくれよ」

強く抵抗する、最年長の狂さん。

「見せてくださいよ」

「しょうがねえな。わかったよ。見せてやるよ。……見せたくないけど」

しぶしぶの承諾《しょうだく》を得て、中村さん、元寿司職人のユーマさんと一緒に、狂さんの栽培場に押しかけました。

狂さんと中村さんは、年季の入った食虫植物マニアで、二十年来の付き合いですが、集会や即売会、中村さんのお宅で顔を合わせているものの、狂さんの栽培場に行くのははじめてだといいます。

その歴史的なシーンに立ち合えることに、ワクワクしていました。

狂さんのお宅は、三階建ての一戸建てで、一階部分が大きな駐車場になっています。駐車場に停めてある狂さんの車の周りにも、食虫植物の苗がたくさん置いてありました。

まずは外階段で屋上にあがります。階段の途中にも、水苔の袋やプラスチックの鉢、苗が置いてあり、その一角に無菌培養瓶が転がっていました。培地《ばいち》がほとんどなくなっています。

「これは……」

笑う、中村さん。無菌培養瓶といえば、出元は大体中村さんです。

「すまん、おれが悪かった」

狂さんが気まずそうにしています。色々なものを踏み越えて、屋上に出ました。

屋上はかなり広く、六〇坪くらいのスペースのあちこちに干涸《ひから》びた食虫植物と多肉植物の鉢が倒れています。西部劇のタンブルウィードのように転がり、吊り下げられた蘭用のネットは破れて、風にたなびいていました。

さながら廃墟庭園《はいきょていえん》。退廃的《たいはいてき》な芸術の香りすらただよっています。屋上に温室を建てるために用意した材料も、そのまま置いてあるのでした。

落ちた袋の中で、**ピグミードロセラ**のむかごが黒くなっています。

「台風がきて、めちゃくちゃになっちゃったんだよ」

「すげえな」

割れたガラスも転がっています。

「気をつけて歩かないと、割れたガラスを踏むぞ」

**「爆撃《ばくげき》を受けた後のようだなあ」**

「あ、でも、こんなところに！」

狂さんが、ひからびた鉢の中から、多肉植物を拾いあげます。

「それは育てていたんじゃなくて、生きていたってやつですよ。しかも、ずいぶん真っ赤なきびしい顔つきになっちゃってますよ」

「うふ。植物ってすごいよな。この間、三年間衣装ケースの中にしまって忘れていた多肉植物が生きていたんだよ」

「それは、狂さんにしかできない実験だな」

「あ、そうだ。**ムジナモ**はたくさんあるんだぜ」

狂さんが身軽に屋上の柵を乗り越えて、端をつたって奥の方へと歩いて行きます。

「危ない!!怖い!!」

屋上のへりをこわごわ歩いていくと、奥に大きな水がめがふたつありました。中には水生の食虫植物の、**ムジナモ**が繁茂《はんも》しているのでした。

「わー。嬉しいな！こんなに殖えていた」

「日当たりがいいもんな」

「でも、ここに来るまでが危険ですね」

「酔っぱらってると、危ないだろうな」

「そうだ。屋上の貯水タンクの上にも、**サラセニア**が置いてあるんだ」

そう言って、タンクに備え付けのはしごをのぼる狂さん。みんなも、つづいてのぼっていきます。

私は高い所が怖くて、はしごをのぼることができません。

「引っ張ってやるから、がんばれ」

手汗をかいて、滑り落ちそうになります。狂さんが落ちないように、支えてくれたおかげで、タンクの上に乗れました。

「おまえは、昔なにかよほど怖い目にあったんだろうな」

そうかもしれませんが、思い当たることもありません。


**タンクの上の、サラセニアはけっこう生きているのでした。**


「けっこう生きていますよ、狂さん」

「花が咲いているよ」

狂さんが花の咲いている**サラセニア**の鉢を拾いあげます。

ムジナモはいっぱいあるんですよ。

人の手で管理している感が薄く、自生地のようです。

「ここで生き延びたら、そりゃ強いですよ」

「そうですよ。植物も人間も温室育ちは弱くなるからね」

「スパルタ農法っていうのもあるけど、超スパルタ農法。戸●ヨットスクール並ですね。死人が出るぞーって」

「キー」

狂さんが、中村さんの首を絞めるフリをします。

「今日は見せてもらって、よかったですよ」

ひと息つく、中村さん。

「中村さんに申し訳なくてさ、見せたくなかったんだよ」

と、本当にすまなそうな狂さん。

「狂さんにあげたんだから、もう狂さんの勝手ですよ。それに、ここを見て、狂さんが昔はすごく色々試して、栽培していたことがわかったんですよ。ここは、マニアの行き着く先のひとつ、終着地ですよ」

マニアは食虫植物を大量に集め、スペースいっぱいに置き、どんどんと拡大していきます。でも、いつかは限界が来ます。エントロピーの増大《ぞうだい》の果てに、狂さんの栽培場があるのです。

## 酒室さんのマニア魂

### 食虫植物マニアのお宅訪問……②

**モウセンゴケ**栽培の名手中村さん、カメラマンのナオさんと、今日はマニアのお宅訪問です。今日のマニアさんは、**サラセニア**を屋上いっぱいに作っている、酒室《さかむろ》さんです。

下町情緒《じょうちょ》が残る墨田《すみだ》区の住宅街を歩き、裏露地《うらろじ》の一角に酒室さんのお宅があります。

「こんにちはー」

「いらっしゃい。よくきたね」

靴をもって、全員で三階から階段を通り屋上に出ます。

テニスコートくらいの広さの屋上に、すき間なく並べられた**サラセニア**、**サラセニア**、**サラセニア**……。かろうじて、中央に通り道があります。入り口付近に、**ハエトリソウ**、**モウセンゴケ**、**ムシトリスミレ**も少しあります。

「わー。**サラセニア**ばっかりだ」

「こんなにきれいにやってたんですね」

と、中村さん。

「そうでもないよ」

謙遜《けんそん》する酒室さん。屋上なので、**サラセニア**にまんべんなく日が当たり三〇鉢くらい入れられたケースが、規則正しく敷きつめられています。

「忙しいんだよ。植え替え、植え替えでね。暇がないよ。会社の昼休みに戻って来て手入れして、土日は水槽の水換えと、植物の世話だよ」

酒室さんは、会社を経営している社長なのでした。痩身《そうしん》で、好々爺《こうこうや》の風情《ふぜい》です。

「遊びに行くヒマもないですね」

「うん、遊ぶ金があったら、ひとつでも多くの植物を買いたいよ」

「お金かけてますね。私もお金があれば買いたいものが、色々あるけど」

**「マニアだったらさ、お金があったらじゃないんだ。欲しいものがあれば、借金してでも買うんだよ」**

マニアの鑑《かがみ》です。

「こんなにケースを敷きつめていたら、奥の**サラセニア**が取れないじゃないですか」

「そんなことないよ。こうやって取るんだよ」

ケースの、二センチくらいの縁《ふち》を器用につたって、サンダルでひょいひょいと歩いて行く酒室さん。ネコのようです。

「危ないなあ」

「そうなんだ。時々滑《すべ》って転んで、**サラセニア**を潰しちゃったりするんだよ」

それにしても見事な**サラセニア**畑です。酒室さんの鉢は、マニアらしくすべて園芸ラベルがきれいにつけられ、産地、購入先まで書いてあります。

「ずいぶん細かく書くんですね」

「ボクは産地には、こだわるもの」

ワインのソムリエのようです。

ひととおり見学した後は、酒室さんの部屋にお邪魔《じゃま》します。

酒室さんの部屋は、壁際に小型水槽がいくつも積み上げられ、天井まで要塞《ようさい》を作っていたのでした。水槽には、さまざまな種類のカエル、イモリ、メダカがいます。窓際には、モズクのように繁《はん》茂《も》した**タヌキモ**の水槽があり、もう片側の壁の水槽には、**ウツボカズラ**がたくさん入っています。

「あれ。酒室さん、**ピグミードロセラ**を一時期たくさんやっていましたよね。全然ないですよ」

と中村さん。

「飽きちゃった。みんな、人にあげちゃったよ」

「えーーー」

「**ミミカキグサ**も一時期たくさんやっていましたよね」

「それも飽きちゃった」

「あんなにやっていたのに」

「**サラセニア**だって、よくないのはあげたり、捨てたりするよ」

「ええ。もったいない」

「それができないとダメなんだよ。メダカだって、トイレに流しちゃうもの。栽培・飼育っていうのは、そういうものなんだよ。キリがないもの」

「怖い!!」

# マニアというものの、業《ごう》の深さをかいま見ました。

「それにしても、**サラセニア**が本当に好きですね」
「**サラセニア**は不思議なんだよ。自生地分布地図を作ってね、眺めているんだけど、分布がどうしても不可解でね。そんなことを考えながら、過ごすのが好きなんだ」
**サラセニア**に心酔《しんすい》している酒室さんでしたが、現在、会社を整理して、**サラセニア**の生産農家になるべく、別の場所にあらたに温室を建てたそうです。
余生《よせい》を**サラセニア**とともに過ごす。まったくマニアの鑑なのです。

モウセンゴケの館でキメラ誕生

食虫植物マニアのお宅訪問………③

「γ《ガンマ》線を照射《しょうしゃ》したアフリカナガバモウセンゴケに、絞《しぼ》り花が咲きましたよ」

**モウセンゴケ**栽培の名手中村さんから連絡があり、編集者平野さんと一緒に撮影にうかがうことにしました。

中村さんは、筑波にある研究所で、**モウセンゴケ**の種にγ線を当ててもらって、なにか変異《へんい》が出ないか、ひたすら自宅温室で、実生繁殖《みしょうはんしょく》していたのでした。それが仕事というわけではなく、あくまで趣味です。趣味ですが、個人の趣味の範疇《はんちゅう》を越えています。

ちなみに、**アフリカナバガモウセンゴケ**は、丈夫で、育てやすく、市場にも出回っています。

「絶対に何も出ないよ」と言っていた狂さんにも、「絞り花が咲いたそうですよ」と伝えました。

「出ないと思ったんだけどな」

「そんなに確率が低いですかね」

「宝くじに当たるようなもんだよ。でも、出そうと思っている人のところでは、出るんだなあ。不思議なもんだ」

無菌培養瓶の中には、食虫植物たちがひしめきあい……。

**ムシトリスミレ**の花が数週間もつのに対し、多くの**モウセンゴケ**類の花は、午前中に咲き、午後には閉じてしまいますので、**モウセンゴケ**類の花がきれいに咲く午前中にうかがいました。

「こんにちは!」

「どうも、毎度」

プレハブの仕事場横にある、奥ゆき四メートルくらいの手づくりの温室に入ると、**アフリカナガバモウセンゴケ**、**サスマタモウセンゴケ**、**イトバモウセンゴケ**、**レギア**、**コモウセンゴケ**、**ビブリス**などの鉢が、ぎっしりすき間なく並んでいました。

どれも、粘液をたっぷり分泌させて、ぎらぎらかがやいています。

捕虫葉《ほちゅうよう》の大きい**アフリカナガバモウセンゴケ**は、粘液をまとい透明なオーラに包まれているように見えます。

「どれが、絞り花ですか?」

「これですよ」

と、たくさんある鉢の中から、ひと鉢もちあげる中村さん。

普通の**アフリカナガバモウセンゴケ**の花色は、白かピンクなのですが、もちあげた株についた花は、白とピンクのハッキリ分かれたストライプで

した。縞模様《しまもよう》が花びらに対して、縦に入っています。

「ほんとうだー。嘘みたい。出ましたね!」

美しいです。ぎらぎらにかがやく捕虫葉の上に咲く、白とピンクの花。これが人の手によって作出されたのです。白背景と黒背景で、撮影します。歌《か》舞伎《ぶき》の化粧か、ねじりあめのようです。

「どれくらい、まいたんですか?」

「無菌培養瓶《むきんばいようびん》にまいて、芽が出たのは300くらいですね。線量を段階的に変えてもらったんですよ。絞り花が出たのは、一番線量の強い640Gy《グレイ》です」

「他にも変わったものは出ましたか?」

「320Gyに当てたのが、巨大化しましたね」

「わっ。ほんとうに大きい」

中村さんのもってきた**アフリカナガバモウセンゴケ**は、たしかに通常のサイズを明らかに越えて大きいのでした。草丈が二〇センチをゆうに越え、葉の幅も長さもビッグで、粘液が糸を引くほど出ているのです。


**笑ってしまいます。**

手製の温室の中には、モウセンゴケ類がぎっしり。

「これ、ジャイアントとか、六〇センチトールとか、大型の品種よりも、明らかに大きいですよ」

「たしかに大きいんですが、栽培下で大きく作れるので、これがγ線だけの影響なのかは、なんともいえないんです」

γ線照射は、野菜の育種でも使われる技術のようです。しかし、馴染みのない私には、**マッドサイエンティスト**の実験のようにも感じられます。巨大化した食虫植物が、さらに大きくなっていき、ある日、近所の犬が姿を消す。ホラー映画の黄金パターンです。

「すごいですね」

「γ線に当てると種がつかないのが問題で、次世代ができないのがなんとも」

さらに巨大化させていくには、険しい壁があるようです。

栽培棚の横には、ガラスケースがあり、無菌培養瓶がたくさん入っています。無菌培養も力を入れてやっているのでした。

「**サスマタモウセンゴケ**のように、**アフリカナガバモウセンゴケ**が二又になったり、葉の根元まで腺毛《せんもう》が生えるものができると面白いんですけどね」

**アフリカナガバモウセンゴケ**は、葉の先五～一〇センチくらいにしか腺毛が生えず、したがって、そこでしか粘液《ねんえき》が分泌されません。たしかに、葉の根元からびっしりと腺毛が生えて、粘液ががやいたらきれいでしょう。

映画『ムカデ人間』が、頭に浮かびます。

640Gyの種から出た絞り花です（上）

『ムカデ人間』は、シャム双生児《そうせいじ》の分離を得意とした元・天才外科医が、三匹の犬をつなげてひとつの生命体にし、それを人間で試そうとするカルトホラー映画です。（見たことはありませんが）三人の人間がつながって、ひとつの生命体になったら、そりゃあすごいでしょうけど。

「それにしても、**アフリカナガバモウセンゴケ**だらけですね」

「面白いのが出ないか種をまくんだけど、そのうち変化があるんじゃないかと思うと、どれも売ったり、あげたりもできないんだよね」

「**球根ドロセラ**もあるし、無菌培養瓶《むきんばいようびん》もあるし、スペースが厳しくなってきてしまいますね」

無菌繁殖《むきんはんしょく》も、大量に殖やせます。

「限界まで置いて、上に棚を増設したんですけどね。本当は、千利休《せんのりきゅう》のように、庭中の朝顔を全部切って、茶室に一輪活けるようなセンスに憧れるんですけど。そういう方がおしゃれだよね」

「温室の**モウセンゴケ**類を全部なくしちゃって、このスペースにひと鉢だけ置くんですか？」

「誰も、なにも理解しないでしょうね」

「本人としては、積極果敢《かかん》にせめてますけどね。理解されない上に、ひと鉢だけになっちゃって、人に見せた後でひとりになった時につらいでしょうね」

「その方向性は性格的に無理だから、土地を借りて、温室を建てて、その中でがーっと地面に直に種をまいて、**モウセンゴケ**の絨毯《じゅうたん》にしてみたいですね」

この後、アフリカナガバモウセンゴケの葉が二又になったものが出たそうです。名づけて、カペンシスY!

GAOOOOOO
見たまえ！実験は大成功だ!!
中村さん、ちょっとやり過ぎでは…（汗）

走れ！ALS♥K
食虫植物マニアのお宅訪問……④

私は食虫植物以外に、多肉植物、ティランジアも好きで育てています。ティランジアの愛好団体に、日本ブロメリア協会があり、ブロメリアのイベントにも、ごくたまに参加しています。

ある日のこと、ブロメリアマニアのぷらんたろうさんから、お誘いがありました。

「ブロメリア協会員の有志が企画した、温室見学会があるんですけど、行きませんか？」

行きます！です。

車に乗せてもらって、一路静岡県県西部まで行きました。ブロメリアの専門業者、「ティランジア・ガーデン」の店長も一緒です。趣味家のお宅に着いたところ、あらわれたのは、色黒で、筋肉質で、ガタイのいい見慣れた顔です。

温室見学先は、なんと食虫植物研究会の幹部、橋本さんのお宅でした。なんと、ブロメリアマニアの顔ももっていたのです。

「ようこそ、いらっしゃいました」

食虫植物マニアは、他の植物も好きな人も多く、別の植物の会でも会うことがあります。橋本さんは、まだ私が研究会で会っているとは気づかないようです。

一軒家のお宅の横に、温室が二棟建っています。

「すごい温室ですね」

「前の家から引っ越してね、ばらして建て直したのよ。手前の温室は、蘭用の温室で新しく建てたんだけど」

温室の脇には業務用の灯油タンクがあります。

「あれ、灯油タンクにALS♡Kのシールが貼ってありますね」

「実はね、家を空けて海外に行くこともあるから、ボイラーが故障して温度が下がったら、警備会社が駆けつけて連絡をもらえるようにしているの」

「そんなことって、できるんですか!!」

「できるんだよ。植物が全部ダメになることを考えたら、契約料なんて安いものでしょ」

植物のエマージェンシーに警備会社が駆けつけるのです。ただごとではありません。ちなみに温度管理警報システムを導入されたのは、阪神《はんしん》淡路《あわじ》大震災《だいしんさい》がきっかけだそうです、揺れによって耐震《たいしん》消火装置が作動し、室内の温度が急激に下がり、一気に氷点下になってしまい、多大な被害にあわれたのだそうです。

とりあえず、中にお邪魔します。

立派な温室の入口です(上)
見事なヘリアンフォラ(右)

手前の温室は、**ウツボカズラ**でいっぱいでした。**ヘリアンフォラ**もあります。

「ここは冷房がつくようになってるんですよ」

夢の冷室《れいしつ》です。小型冷蔵庫や冷却装置を使って、栽培している趣味家も多いですが、大きな冷室は暑さに弱い植物がよく育ちます。朝晩、冷たい水で冷やすという、とんでもないマンパワーを使っている趣味家もいますが、一日でも怠るとよろしくないので、栽培環境としては厳しいものです。

某大谷園芸さんも「自分の部屋にもクーラーを設置していないのにさ、冷室を作ったんだよ」と笑っていました。

高地性のトルンカタ、ローウィー×カンパヌラタ、ラミスピアナ、スパトゥラタＸジャクリネア、美形のアラタ、エイマエ、ロブキャントレー、どれも美しいピッチャーがついています。ローウィーの交配種の、形の面白いこと。ヘリアンフォラもとっても大きいのでした。

奥の温室には、蘭とブロメリアばっかり。栽培棚に置かれているだけでなく、壁にも吊るされています。ティランジア・フンキアナの大群生株もありました。

温室を通り過ぎて敷地奥に進むと、**サラセニア**がいっぱいです。その**サラセニア**も大鉢つくりで、ひと鉢にたくさんの株が入っています。

温室の中には、ウツボカズラがいっぱい。
ウツボカズラのエイマエです（上）

「すごい**サラセニア**ですね!!」

「ボクは食虫植物も大好きで。あれっ、食虫植物も好きなんですか??」

まだ気づかないようです。

「橋本さん、食虫植物研究会でお会いしてますよ」

「えっ……」

しばし固まる橋本さん。目が宙をただよっています。

「ああ……!」

思い出していただけたようです。

「ハハハ。なに、ブロメリアも好きなの?」

「いや、びっくりしました。ブロメリアもたくさん栽培されているんですね」

「ここ数年ですけど、すっかりハマっちゃってね」

数年とは思えない量です。とっても楽しそうです。橋本さんといえば、夢の島熱帯植物館や、神代植物園の食虫植物企画展の展示に毎年大量に出品しています。

「いつも静岡から持っていらしていたんですね。大変だったんですね」

「うん。東京まで家内に運転してもらって、都内に入ると自分が運転するんだよ。年々辛くなってきたんだけど、期待されているから、期待には応えたいよね」

ウツボカズラの、スパトゥラタとジャクリネアエの交配種です。

展示用に大鉢で、**サラセニア**を栽培しているのです。どれも、見応えのあるボリュームです。**コモウセンゴケ**や**イシモチソウ**などの**モウセンゴケ**もあります。

お土産に、**ムシトリスミレ**の**ギガンテア**をいただきました。さて帰ろうと、車に乗ったところ、ブロメリア協会の人たちが橋本さんを囲んでまだ話していました。どんなジャンルでも、マニアは集まると、輪になって、井戸端会議《いどばたかいぎ》のように話し続けるのです。

「あんまり遅くなると、帰り道渋滞しちゃいますよ」と、私。ぷらんたろうさんが出やすいように、車を移動します。

しかし、移動したあとに車から降りて、また話しだしてしまうのでした。

「キリがないから、行こうか」

「そうだね」

「ありがとうございました」

「そういえば、あれの斑《ふ》入りがヤフオクで出ていたんですよ」

「ウソッ」

「いくらで落札された?」

「あれは買わないでしょ。誰の出品?」

「ないわー」

こんな会話を繰り返すこと、四、五回。ようやく橋本さんの温室を後にしたのでした。

# 謎の美人女優のお誘いで、食虫植物の館へ

午前九時。新宿から長野県小布施《おぶせ》行きの高速バスに乗りました。数奇《すうき》な運命に導かれて長野に向かっているのです。

なんて……おおげさに言ってみましたが、実はカニバリズムをテーマにしたアニメの監督と知り合ったところ、その監督の過去作品に出演した女優さんから、突然メールで連絡があったのです。

「こんにちは。私のビジネスパートナーが、あなたの本を読み、ぜひ話をしたいと言ってました。よかったら長野まで遊びにいらっしゃいませんか」

意外な展開です。しかも、長野はちょっと遊びに行くには遠いです。しかし、人生一《いち》期《こ》一会《いちえ》です。せっかくのお誘いであれば、行くしかありません。

というわけで、バスに乗っているのです。

三時間以上かかって目的地につき、バス停に降り立ちました。

すると、バス停にはサングラスをかけたセミロングヘアーの、雰囲気のある女性が立っていました。

「こんにちは、木谷さんですか?」

「はい」

「はじめまして。宮本雅です」

サングラスを外すと、彫りが深いエキゾチックな顔立ち。肌は小麦色に焼けています。彼女が連絡をくれた女優でした。スパイ映画の登場人物になったようで、ドキドキします。

彼女に導かれるままに歩いていくと、セダン車が停まっています。

「乗りましょう」

うながされ、後部座席に乗り込むと、運転席に年配の男性が座っていました。

品のよい服装に身を包み、大学教授か医者のような雰囲気。「この人が食虫植物の本を読んだ、へぇー」となんだか卑屈《ひくつ》な感想を抱いてしまいます。

「こんにちは。よくいらっしゃいました。渥美です」

「とりあえず話しは食事をしながらでも」

雅さんが言い、車が発進します。

着いたのは、瀟洒《しょうしゃ》な白い一軒家風のイタリアンレストランでした。

豪華な料理がテーブルにたくさんならび、ワインのデキャンタが添えられました。

「ボクは、西洋のアンティーク作品やアンティークジュエリーを扱っている会社をもっていまして。うちの所有するガレやドーム作品、マイセンをね、渋谷の東急百貨店の本店に常設展示してい

るんですよ」

渥美さんは、さらっと言いましたが、ものすごいことです。

「私はジュエリーを担当しています」

と、ほほえむ雅さん。映画女優、グランドホステスを経て、渥美さんの秘書兼パートナーとして働いているとのことです。名は体を表すがぴったりの、品のよい女性です。

ますます食虫植物との関係がわかりません。誰かが、私の本を渥美さんに渡して、それを読んだ二人が「面白い！この人を呼ぼう」という運びになったのでしょうか。

そんな感じでもなさそうです。

「アールヌーヴォーってね、あるでしょう」

アールヌーヴォーは、十九世紀末から二十世紀はじめにかけてフランスで生まれた作品群を指し、植物や虫をモチーフにした斬新なデザインのものです。退廃的《たいはいてき》と非難《ひなん》を受けて衰退《すいたい》したようですが、そもそも芸術は、退廃的なもんです。私はとても好きです。

「はい」

「ガレもドームも、アールヌーヴォー作家なんだけどね、食虫植物をモチーフにしているんですよ」

えっ。そういう角度からきましたか。

「はあ」

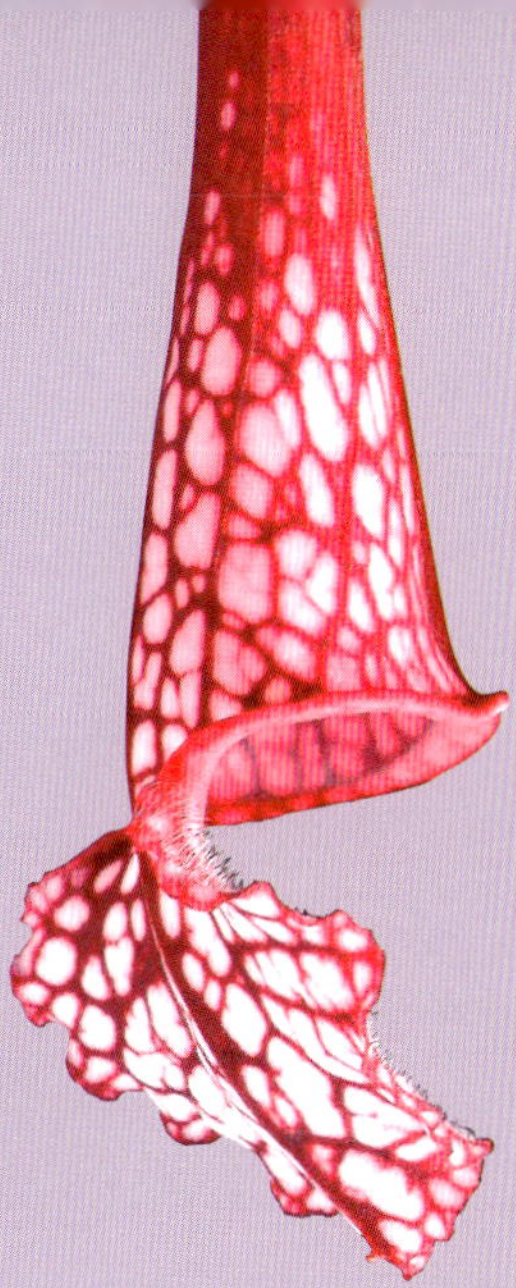

「同じアールヌーヴォー作家のダージェンタールも、**ネペンテス**をモチーフにした花瓶を作っていてね」

「だ、だーじぇんたーる……」

「**ネペンテス**ってわかるでしょう」

「はい、**ウツボカズラ**」

「ボクは、食虫植物が大好きで」

「はい」

## 「食虫植物研究会の幽《ゆう》霊《れい》会員なんですよ」

えーーー。

「よく食虫植物研究会の小宮さんと、柴田さんと一緒に**ウツボカズラ**の自生地見学に行ったものです。あなたみたいな若い人が食虫植物の本をね」

えーーー。小宮先生といえば、食虫植物研究会のボスで、日本歯科大学の名誉教授です。

とりあえず移動しましょうということになり、ふたたび車に乗り走り出します。車は山道を通り、別荘地の中に入っていきました。

テラスでお茶をいただきます。テラス横には畑がありました。

「ここで野菜も作れますね」

「ここに何ヶ月か滞在して、執筆したらいいんじゃない？　その間、野菜も作ってもらうのはどうかな」

と、雅さん。昔の文豪《ぶんごう》のようになれそうです。

「ボクはね、**ハエトリソウ**と、ちょっと**ハエトリソウ**にフォルムが似てるファルコネリが好きなんですよ。**ウツボカズラ**も好きだけどね。この場所で、食虫植物をうんとやりたいんです」

ファルコネリといえば、オーストラリア産の熱帯性**モウセンゴケ**です。葉の先が丸くなっていて、独特のフォルムが美しいです。

ロケーションは優雅ではありますが、内容は食虫植物集会で話すことと、変わりはありません。家全体がガラス温室のようになっているのは、いずれは食虫植物の館にするためだったのです。食虫植物温室の中に住む。食虫植物マニアのロマンではありませんか。

ひとしきり食虫植物談義を交わした後に、ふしぎな縁に、ふしぎな思いでふたたび新宿行きのバスに乗りました。

この後、前著『マジカルプランツ』に、ガレの食虫植物をモチーフにしたガラス皿を紹介する時、渥美さんに、ご協力いただいたのでした。

屋敷へ ようこそ
謎の美女
疾走するセダン
ガラス張りの謎の施設
ウツボカズラが…
ネペンテスが…
それよりやっぱりファルコネリが!
でも会話はやっぱりヲタク…

## 日本食虫植物愛好会ＶＳ食虫植物研究会

国内には、食虫植物の大きな団体がふたつ存在します。日本食虫植物愛好会（ＪＣＰＳ）と食虫植物研究会（ＩＰＳ）で、このふたつは仲が悪いので有名です。よくマニアの間で、全日本プロレスと、新日本プロレスに喩《たと》えられます。ちなみに、全日にあたるのが研究会、新日が愛好会だそうです。プロレスにくわしくないので、実際のところはよくわかりません。

研究会は大学の先生が中心になっている研究団体で、元々東京山草会の部会のひとつだったと聞きます。山草会は、ユリ部、サクラソウ部と支部のように部会が分かれているのですが、おそらく食虫植物部だったのでしょう。

主宰《しゅさい》の、日本歯科大学の小宮名誉教授が、食虫植物好きな少年、青年たちを引き連れ独立してまとめたのが、食虫植物研究会だと聞きました。志方賞、根津賞など、小説でいえば芥川賞、直木賞のように、会に貢献した人に贈られる賞もあります。はじめ国内の食虫植物団体は研究会だけでしたが、内部で色々と衝突《しょうとつ》があり、交渉の先鋒《せんぽう》だった会員の田辺直樹さんが除名処分になった後に立ち上げたのが、日本食虫植物愛好会です。



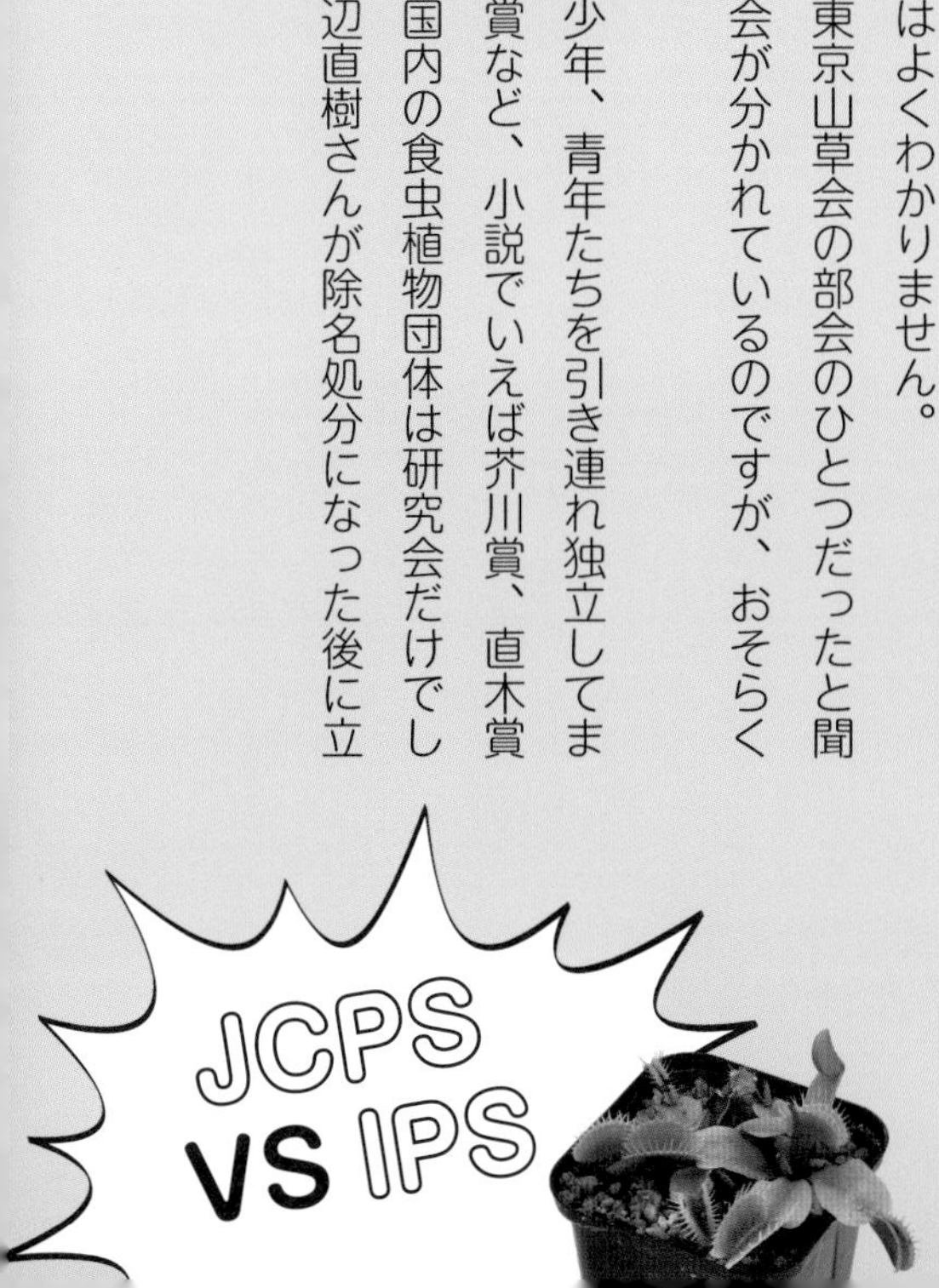

顧問には、日本初の食虫植物だけの植物園「南総食虫植物園」（現在はもう存在しません）をつくった故越川さんがいらっしゃいました。愛好会は、研究色を排し趣味家、園芸の色が濃くなっています。会がやっていることは大体同じで、定期的な集会があり、集会では会員による展示紹介があり、自生地報告のスライドがあり、展示即売会あり、自生地見学会があり、です。私がはじめて出会ったのは、日本食虫植物愛好会で、あとに研究会の存在を知りました。

私は、コウモリのようにどちらにも顔を出しています。愛好会に入った時から仲が悪いのは知っていました。どちらかの会で、試しにもう片方の話題を出すと場の空気が凍ります。ほかのマニアの会でも、対抗団体があって仲が悪いのは、ままあることです。

立場をハッキリさせないのは、後々どちらからも睨《にら》まれることになるのは、歴史が教えてくれますが、私は食虫植物に触れる機会を多くもちたいために、どちらにも行きます。

趣味の会なんだから、仲良くすればいいのに、と思う向きもあるかもしれませんが、仕事であれば、案外「仕事だから」と丸くおさまるものです。趣味の会というのは、揉めることを含めての趣味なんだと、最近気づきました。逆に揉めなくなった会はマンネリズムに陥り、次第に仲が冷えていく傾向にあるようです。

人が集まる会というのは、分裂と統合を繰り返す、さながら原生生物のようであります！熱があるところはぶつかり、分裂していくものなのです。第三のNOAH的な団体が立ちあがることは……果たしてあるのでしょうか。

# すすめ！マニア道

「食虫植物マニア」とひとくくりに言っても、実際は色々な人がいます。ところが、色々な人がいる一方で、食虫植物マニアらしい特《とく》徴《ちょう》が確かにあります。

「食虫植物マニア」になるきっかけもさまざまです。どんなきっかけでそうなったのかを見ていきましょう。

## 食虫植物が自生している姿を見て、ハマる

マニアの中でも、王道です。自然や山歩きが好きで、尾瀬《おぜ》や地元の自生地で食虫植物を見て感動して、食虫植物の栽培をはじめた人です。

野生の姿への思い入れが強く、国産の食虫植物にこだわります。

栽培を辞めても、自生地へは行ったりします。

## ほかの植物から迷い込んだ

一番多い層です。以前にやっていた植物はさまざまで、一番多いのは山野草です。馴染《なじ》みにしている山野草店で、国産のモウセンゴケやムシトリスミレ、ミミカキグサを見つけて栽培し、ハマっていきます。

山野草のほかにも、盆栽、多肉植物、ティランジア、蘭、野菜、ギボウシ、セントポーリアなど、さまざまなジャンルから、食虫植物に興味を持ち、ハマる人も。

植物の知識が豊富かつキャリアが長いので、栽培が上手いことが多いです。

## 最初から食虫植物だけ

私も、このグループに属します。出会いは園芸店や植物園など。食虫植物を好きになって、ほかの植物にはあまり目もくれず、食虫植物一筋。植物が好きというより、食虫植物が好き。食虫植物しか愛せない病気が発症した人です。

## 虫対策を考えて、食虫植物が気になった

特殊なグループですが、けっこういます。野菜の害虫対策、キッチンのコバエ対策を考えるうちに、食虫植物にたどりつく人たちです。でも、食虫植物はそれほど害虫駆除には能力を発揮《はっき》

せず、むしろ虫を誘き寄せてしまうので、それほど効果はありません。しかし、効果がないとわかった後でも、引き続き、食虫植物を好きでいる人です。

## アクア関係から移行してきた

アクア、特に水草をやっている人に多く、水生の食虫植物のタヌキモ、ムジナモに興味がいき、食虫植物全般が気になっていくグループです。水づくりが上手く、上手に水槽でタヌキモやムジナモを栽培したりします。

## 虫から移行してきた

今まで虫だった人というわけではなく、昆虫飼育を趣味にしていて、目覚めてしまうグループです。食虫植物は虫とは切っても切れない関係にあるので、虫嫌いでは育てられません。

「虫を食べてしまう植物なのに、昆虫愛好家としては嫌な気分ではないか」と思うのですが、これはこれ、それはそれと、割り切れるようです。

食虫植物マニアを、すごく大雑把《おおざっぱ》に分類しましたが、もちろん例外はあります。「太陽がまぶしかったから、食虫植物が好きになった」とか「先祖代々の遺言により、栽培をはじめた」とか、面白いきっかけがあれば、聞いてみたいです。

# 即売会攻防戦



食虫植物マニアの活動は、自生地見学、集会、即売会が主なものです。即売会ではマニアが各々持ち寄った株を売ったり、買ったりします。つまり、マニアの間でお金のやりとりをしているだけなのです。

私も売り手になることもありますが、良い株は売りたくないし、売ってもいいようなものは売れない悪い株なので、どうしても買い手になってしまいます。

即売会は、夢の島熱帯植物館《ねったいしょくぶつえん》、神代《じんだい》植物園、板橋区立熱帯植物館など植物園で行われるものと、川崎大師祭、天満天神社祭、等々力《とどろき》緑地「花と緑の市民フェア」などお祭りやフリーマーケット、池袋サンシャイン世界のらん展、晴海《はるみ》トリトンスクエア「らん展」、爬虫類《はちゅうるい》、両性類《りょうせいるい》のフリーマーケット「ぶりくら市」など、お祭りやフリーマーケットに出展したり、他の企画展と同居したりします。南青山の画廊《がろう》で行われたこともあります。

即売会は、大好きな食虫植物に一日中囲まれながら、食虫植物が大好きな仲間たちと売ったり、買ったりする楽しいイベントです。ここで、そんな即売会での攻防《こうぼう》のお話しましょう。

## ★その一　ムシトリスミレ事件簿《じけんぼ》

ある時、浜田山集会に参加した翌日に、川崎大師の即売会に参加した時のことです。川崎大師祭とは、大師公園で毎年行われるお祭りで、同時に青空フリーマーケットが開かれ、多くの出店が出ます。

その年も、ポニーテールの怪男・狂さんの仕切りで、食虫植物のブースが出たのでした。子供の頃に食虫植物の出店があったら、さぞ楽しかっただろうなと思います。

大師祭は人出も多く、どのお店にも人だかりができます。即売会場は、もうマニアでいっぱいなはず。出店のコロッケや焼きそばを食べたい気持ちもありましたが、まずは食虫植物ブースへと走りました。しかし、ひとつ心にひっかかることがあったのです。

浜田山集会の帰りに、狂さんの車に乗せてもらった時に会で買ったムシトリスミレの仲間ハウマベンシス×シクロセクタを、どうやら忘れてしまったようなのです。

狂さんの車は、いつも食虫植物をたくさんのせるために、土や水苔がこぼれて、そこに種が落ちて車の中で芽吹いたりしています。

どうせ転がって車の端で土まみれになっているんだろうな、踏まれて、バラバラになってたりして……。そんなことをモヤモヤ考えるうちに、食虫植物ブースが見えてきました。

アウトドア用の大きなタープテントが設置されています。折りたた

み式のテーブルに食虫植物がいっぱい並べられていて、その周りにはマニアが群がっている、いつもの光景です。

その中央に、ピンクのシャツ迷彩色のズボン、赤いキャップ帽をかぶった狂さんがキャンプチェアーに座っていました。どこかの監督のようで、メガホンが似合いそうです。

「遊びにきましたよ」

「おおー。やっときたか」

狂さんは、プラスチックのコップでウーロンハイを飲んでいました。足下に焼酎の大ボトルがあります。

「おまえも飲むか」

「その前に即売品を見ますね」

とりあえずは、食虫植物です。**サラセニア**、**ムシトリスミレ**、**ハエトリソウ**、**ウトリクラリア**、**モウセンゴケ**、多肉植物のハオルチアもあります。

**ムシトリスミレ**の花が、各種咲いていて、色とりどりできれいでした。

「どれも、タイミングよく咲いていますね!」

「いいでしょう」

「……んっ?」

**ムシトリスミレ**のコーナーに、見覚えのある苗があります。

間違いありません。

「狂さん‼　この**ハウマベンシス×シクロセクタ**、私のですよ！」

狂さんの車の中に忘れた**ハウマベンシス×シクロセクタ**が、500円の値をつけて売られていたのでした。

「これ、どうしたんですか？」

「おおー、車の中で拾ったんだよ。なんだろうと思って売ったんだけど、おまえのだったか」と、笑う狂さん。

すごいです。狂さん号の中で行方不明になったかと思いきや、きちんと値段までつけられて、売られていたのです。

「もー‼」

「悪い悪い。ハハハ」

スラム街のようで、油断《ゆだん》も隙《すき》もあったもんじゃありません。

**★その二　ダーリングトニア事件簿**

翌年の川崎大師祭。（またもや川崎大師祭です）

即売会には懲《こ》りずに遊びに行きます。去年と同じように、広大な大師公園の敷地の一角にアウトドア用の大きなタープテントが設置され、その横でキャンプチェアーに

狂さんと、大谷園芸の大谷さんが座っていました。隣は帽子の屋台のようです。

「遊びにきましたよ」

「おお、きたか。飲むか」

狂さんが、またウーロンハイをすすめてくれます。

「おれは、これにしようっと」

焼酎をペプシネクストで割ります。

「隣は帽子のブースなんですね」

「昨日、帽子を二個も買っちゃったよ」

そんなに帽子を買ってどうするんだ……。と思われるところですが、狂さん、実はとってもおしゃれで、帽子を何十個ももっていて、始終《しじゅう》変えています。しかも、普段はキャップ帽をかぶっているのに、今日はベレー帽です。（そんなに変わりはありませんが）

テーブルには、**ウツボカズラ**、**サラセニア**、**ハエトリソウ**、**ムシトリスミレ**、**セファロタス**と並べられていました。

面白い**モウセンゴケ**があったら買おうと見ていると、珍しい**ダーリングトニア**がありました。**ダーリングトニア**はファンが多い種類で、一見すると**サラセニア**の**プシタシナ**にちょっと似ています。筒状の葉が立ち上がり、ステッキの柄のように湾曲《わんきょく》し、下向きになった口の部分の下部に、金魚の尾びれのようなものがついています。

英名を**コブラリリー**、和名を**ランチュウソウ**といいます。**ランチュウ**にも似ているかもしれませんが、ヒゲを生やした老師のようにも見え、私はひそかに「コブラ老師《ろうし》」と呼んでいます。

**ダーリングトニア**好きは「**ダーリングトニア**を見つけたら、一も二もなく、絶対に買う」と明言します。もちろん市場には、ほぼ出回りません。

「**ダーリングトニア**！珍しいですね」

「いいだろう〜」

成株ではなく、手におさまるくらいの幼株でした。

「んん〜、まだ小さいですね。難しいでしょ」

**ダーリングトニア**は寒冷な環境に生えているため、とにかく暑がると聞きます。高地性の**ウツボカズラ**同様、冷房装置で育てるのがベターなくらいでしょう。

成株であれば、パワーがあるでしょうけど、幼株ではますます難易度が高くなります。

「うちじゃ、育てる環境にないしな。でも、欲しいなあ」

## 「一度は買って枯らさないとな」

狂さんは自信たっぷりに言います。

「んん〜、まあ、枯らしてこそ上達しますよね」

それでも迷います。せっかく買って枯らすのは、やっぱり嫌です。

「ナオも買ったぞ」

食虫植物仲間のナオさんが**ダーリングトニア**を入れた袋をもっていました。いつも黒ぶちメガネに、黒ずくめの服を着ている、気さくな人です。

「買ったんですか、**ダーリングトニア**を」

「うん、狂さんが、すっごいすすめるからさ。そんじゃ、買ってみようかなって」

ナオさんは、私と違ってウカツな人間ではありません。

「うーーーん。……よし、買った！」

「そうこないとな！」と、笑う狂さん。

上手くいく気はしませんでしたが、水やりで冷やしながら育てようと思いました。

**ダーリングトニア**を連れて帰った後日、食虫植物集会に参加してみると、大谷さんと狂さんが、部屋の片隅で、ひそひそと話しているのを見つけました。

何を話しているのかと、そっと近寄ります。

「大谷、**ダーリングトニア**、夏はどうするんだ」

「冷室に入れた方がいいよ」

なんと狂さんが大谷さんに育て方を聞いているじゃないですか。

**「狂さん、育てていなかったんですか!!」**

「わっ!!」狂さんが驚きます。

「一度は枯らさないとな。なんて、**ダーリングトニア**の大ベテランのように自信満々に言ってたのに。もー!!」

「そうだったっけなあ……??」と、ぼけたフリです。

**ううむ、年寄りは経験値が高いため、賢くしたたかです。**

**即売会攻防戦は、全戦全敗の予感です。**

「うちでは、ちゃんと育ってるよー」と、横からフォローするナオさん。

「夏を越せるといいけど。私じゃダメかも」自信がなくなってきました。

そうして狂さんにのせられましたが、なんとか無事に**ダーリングトニア**は生きていました。まあ、その夏の台風の日に飛んでいき、行方不明になってしまうのですが……（そのお話は27ページに）

ありし日のダーリングトニア。

# 東海食虫植物集会へ

## 東西マニア合戦

愛知県犬山市の市街を車でぐるぐる回りながら、ポニーテールの怪男・狂さんは「ここか? 違うなあ」とつぶやいていました。目指すは「犬山国際観光センターフロイデ」。

同乗しているのは、悪代官口調のこち亀さん、自生地研究に余念のないおはじきさん、元寿司職人のユーマさん、公認会計士にして古参《こさん》マニアの松下さんです。

散々迷った挙げ句、十四時すぎに、東海食虫植物集会が開かれる会場に到着できました。

はじめての愛知、はじめての東海食虫植物集会への参加です。食虫植物を好きにならなければ、犬山市を訪れることも生涯なかったかもしれません。

東海食虫植物集会とは、東海地方に住む食虫植物マニアが定期的に催す集会で、大阪、愛知、静岡のマニアが一同に集結し、同時に自生地見学会も行います。

午前中に自生地探索をして、すでに体力を消耗《しょうもう》していたわれわれですが、残り少なくなった体力と反比例するかのように、テンションが上がっていました。

体力は消耗していても、気力はじゅうぶんです。会場へと一気に乗り込みました。公民館の一室、白いドアを開けると、すでに集会がはじまっていて、大阪の若大将とよばれるマニア・大阪屋さんが、サラセニアを前に展示解説をしていました。

備え付けの長テーブルいっぱいに**ウツボカズラ**、**サラセニア**、**ドロソフィルム**、**セファロタス**、**ハエトリソウ**、**モウセンゴケ**、満作の**ムシトリスミレ**がのせられています。

会場にいる人たちは、浜田山集会と似た匂いの、きらきらしたおじさんたち。女性はわずかしかいませんでした。

私は『大好き、食虫植物。』を刊行したばかりで、**サラセニア**の間にむりやり押し込んで本も5冊もってきていましたが、関東の浜田山をホームグラウンドとすれば、アウェイで本を並べるのは気恥ずかしく、どうしようかなとこの期《ご》に及んで、逡巡《しゅんじゅん》していました。

その葛藤《かっとう》の最中に、東海食虫植物集会のボス・赤塚さんが、「関東から来て下さった皆様に、一言いただきましょう」と言ったのです。

狂さん、松下さん、とチーム狂さんのメンバーが次々に簡単な自己紹介をします。そして私の番です。

思わず、狂さんに、「助けて」と視線を送ってしまいました。

狂さんは細い目尻を下げて、頭のうしろに手をやり、授業参観で子供を見守るお父さんのような居心地の悪さを醸《かも》し出しています。

うぅっ……。がんばるしかないのです。

「東海の皆様はじめまして。このたび、食虫植物の本を出版しました」と、緊張しながら言ったところ、ばらばらばらと、あたたかい拍手をいただきました。

もう、これだけで愛知が……いえ、東海食虫植物集会が大好きに変わります。われながら、ゲンキンなものですが、なにかを表現するのは恐怖もともなうもので、あたたかく受けいれてもらえて、そりゃあもう、感涙です。

ほこほこした気持の中、プログラムは進行し、滋賀のマニア仙田さんによる、ロリドゥラの実生栽培解説が、スライドを用いて、行われました。仙田さんは、**ドロソフィルム**栽培の名手で、彼が結実《けつじつ》させて種をくばりまくったために、関西の人間に**ドロソフィルム**がいきわたったという伝説の持ち主です。

ひととおりプログラムが終わったところで、赤塚さんがマイクで言いました。

「おまちかねのジャンケン大会です」

浜田山集会では、貴重な食虫植物の苗の分譲《ぶんじょう》を、ジャンケンで決めるのですが、ここでもジャンケンのようです。

分譲の苗は、テーブルに乗りきらない程盛られていました。

食虫植物ばっかり……。夢のようです。

「最初はグー。ジャンケンッ」

「ああーー」

「っ……よしっ!!」

社会的な地位がありそうなおじさんたちが、グーを出したり、パーを出したりして、一《いっ》喜《き》一《いち》憂《ゆう》している様子は、なんだか見てはいけないものを見てしまったようで、こっちがドキドキします。

私はというと、自分の本をもってウロウロしていました。

すると、作業服を着て、首にタオルをかけた河童《かっぱ》のようなおじいさんが、**コモウセンゴケ**を大量に植えた浅い木の箱をかかえて、部屋に入ってきました。

「間に合った、間に合った」

場に緊張が走ります。おじいさんのただならぬ雰囲気に、横にいた大阪屋さんに「あの方はどなたですか?」と聞きました。

「内藤さんですよ」

内藤さんは、関西の食虫植物マニアの翁《おきな》として伝説的な方で（伝説が多いですね）、名前はよく聞いていました。内藤さんは、木の箱をもって、ふらふらっと私の横に立ちました。

「誰かが買ってくれれば、電車賃の足しになるやろな」

にこにこする内藤さん。その横で緊張して本をもつ私。

「ん?　ねえちゃん、その本」

「彼女が書いたんですよ」と伝える大阪屋さん。

「んーーー」

内藤さんが一冊本を手にして、表紙を眺めます。穴があくほど本を見られて、私が穴があったら入りたい気分です。あまりにも手持ち無沙汰《ぶさた》で、見ている内藤さんに話しかけました。

「……食虫植物栽培の失敗談を書きました」

「こりゃ、わさびやな！」

大きな声です。

「ハッ？」


**「カラシ（枯らし）方の本やろ？？」**


あまりの強烈さに、言葉を失ってしまいました。

「さばって、みんなに買ってもらえるように宣伝せんとな！」

「ハイッ」

私はすっかり、内藤さんの気取らず優しく、それでいて迫力のある姿に参ってしまい、思慕《しぼ》の念がこみあげました。（ところが、内藤さんは、こののちに水草採集中に亡くなられ、お会いできたのはこれが最初で最後でした。ご冥福《めいふく》をお祈りいたします）

マニアの集会が終わると、つづいて宴会です。宿泊先の、岐阜県のビジネスホテルから歩いて行ける距離にある居酒屋に、一同流れ込みました。

「よく来なさった！」

「ほんとうに遠くから、よく」

もう、もみくちゃになって、ふたたび大歓迎を受けました。

「これ、歓迎の品です」

と、一升瓶の焼酎を手にして、ニヤリとする赤塚さん。赤塚さんはマニアにしては珍しく、筋骨隆々《きんこつりゅうりゅう》としています。

もう、関東の人間、関西の人間、地元東海の人間が入り乱れています。自生地の話や外来種の話、栽培の話、ケンケンガクガク……。

「おひさしぶりです」

自生地探索でおなじみの銀河隊長も、なぜか席にいました。（というのも、彼はそもそも岐阜に住んでいるのです）

宴《えん》もたけなわになったころ、横を見ると、狂さんチームの松下さん、ユーマさんがイスにひっくり返るようにして眠っていました。松下さんは口をあけて爆睡《ばくすい》しています。無理もありません。みんな仕事明けで徹夜して、三重県の伊勢花しょうぶ園、自生地見学と回ってここまで来たのです。私もあくびをおさえることができなくなってきました。

「もう限界だア。お先にシツレイしますわ」と、急に立ち上がり、立ち去るこち亀さん。いちぬけです。チームの長、狂さんを横目で見ると、「まだまだですよー!! うふっふふ」と、隣の人をヘッドロックして叫んでいました。他の人に迷惑をかけるほどに、まだまだ元気です。還暦《かんれき》だというのに、あまりにも元気です。

「狂さん、腕相撲《うでずもう》するか!」

と、立ちあがる赤塚さん。

「おし! やったろうじゃない」

とつぜん、テーブルで腕相撲をはじめる東西マニアの二人。

もはや、何の会だかわかりません。けっきょくお店が閉まる時間まで大騒ぎをして、肌も体力も気力もボロボロに摩耗《まもう》したころ、狂さんと静岡のマニア・救仁郷《くにごう》さんは「激辛台湾《げきからたいわん》ラーメンを食うぞー」「おー!」と走って行きました。

なにゆえ、こんなに体力があるのでしょうか。

私はというと、一人各務原《かかみがはら》のビジネスホテルに戻り、貸し切り状態の大浴場の湯につかり、旅の思い出を振り返っていました。喧噪《けんそう》から離れ、蛇口《じゃぐち》から出るお湯の音を聞いて、しみじみします。

「はじめての東海食虫植物集会、こんなにあたたかく歓迎してもらって、いいところだったなあ。楽しかった……」

# 感激の涙がこみあげてきて、お風呂のお湯で、目を洗います。

すっかりあたたまり、ぬれた髪にタオルを巻いてロビーに出たところ、へべれけになった救仁郷さんと大阪屋さんが、ロビーのソファに腰掛け、呂律《ろれつ》の回らない口調で真剣に話し合っていました。

おお、まだ続いているのです……。でも、もう私はくたくたで。他人のフリをして、すばやく横を通り過ぎようとしたのですが、やはり呼び止められてしまいました。

「ここにすわって！」

「ハイッ」

「われわれは、食虫植物の本と言えば、近藤勝彦先生の世代なのだけど、『大好き、食虫植物。』の、あの冒頭の文ね。あれは衝撃《しょうげき》的《てき》だったよ。近藤先生の本に馴染《なじ》み深いわれわれには、うん、とうてい書けない。そうらよね、大阪屋さん」

「そうれしょうな」

「まあ、聞きなしゃい！」

「ハイッ……！」

エンドレス、食虫植物ナイト。ありがたいお言葉ではありますが……。食虫植物の熱い夜は、まだまだこれから、これからなのでした。

# サラセニアの海に溺れたい

## 伊勢花しょうぶ園

食虫植物、特に**サラセニア**が好きなら一度は足を運びたいのは、伊勢花しょうぶ園です。花しょうぶ園という名前なのに、なにゆえ**サラセニア**？と思う方もあるかもしれません。

伊勢花しょうぶ園は、花しょうぶと食虫植物（主に**サラセニア**）の両方を扱っている生産農家で、国内最大規模を誇ります。

公式ウェブサイトには、食虫植物の数およそ五万鉢とあります。

### 五万鉢ですよ!!

普段園芸店の季節商品として、数鉢店頭に並んでいるのを見ることしかできない**サラセニア**が、（しつこいですが）五万鉢。あまり想像ができませんが、五万鉢の食虫植物があると聞いただけで夜も眠れません。

「伊勢花しょうぶ園ってどうですか？」

と食虫植物愛好会の会長に聞きました。

すると、

**「あれは海だね……。サラセニアの海」**

とのお言葉。**サラセニア**の海、ぜひ溺《おぼ》れたいものです。

というわけで、食虫植物界のドン小西ことポニーテールの怪男・狂さんと食虫植物マニアご一行様で、壊れそうな中古のワンボックスカーにぎゅうぎゅうに入って、神奈川から三重に向かって、夜の二十三時に旅立ちました。

興奮して眠れないかと思いましたが、本当に寝ないで行くようです。

「当然です」と狂さん。

車の中はもちろん食虫植物の話ばっかり。そして、誰もが浮かれていました。なんてたって、憧れのアイドルが大量にいる場所へと向かうのですから。

そして、朝の五時半に三重県に突入。空が白み、眠らずに朝を迎えたせいか、体に一枚膜が張っているようにも感じられます。

車はさらに農道を入っていきます。すると、あたり一面の田園《でんえん》風景の中に……ありました!。

見渡す限りの**サラセニア**です。

**サラセニア**、**サラセニア**、**サラセニア**です。

ここがサラセニアの海、
伊勢花しょうぶ園。

露地に、二〇メートルはあるレーンがあり、そこに水が張られ、**サラセニア**の鉢がこれでもかというくらい、並べられています。そのレーンが、二〇、三〇……とにかくいっぱいです。

## すごい!! 数は力です。

これだけ無数に**サラセニア**があるとまさしく、**サラセニア**の海、ここは海だったのです。**サラセニア**の絨《じゅう》毯《たん》といってもよさそうです。花しょうぶも湿性の植物なので、**サラセニア**と環境が合うのでしょう。

地元のひとが、ここの**サラセニア**畑をどのように認識しているのか、聞いてみたいところです。

「ああ、食虫植物っての？　たくさんあるね。あそこ」という感じでしょうか。

無事**サラセニア**の筒だらけの光景を目の当たりにしたとたん、気がゆるみ、睡魔《すいま》に襲われました。ところが、私をのぞく全員が、車外へ飛び出し、**サラセニア**の物

色をはじめているではないですか。

奇しくも、この日は東海サミットという、東海食虫植物愛好会の集まりの日でもあり、関西、東海地方から集まったマニアたちも、無数の**サラセニア**の筒の間から、姿を現したり、消したりしていました。まるで海に浮かぶブイのようです。

少し仮眠をとった後に、**サラセニア**の海に飛びこんだところ、他のマニアたちはもう何鉢も**サラセニア**を手にしていました。

聞くところによると、狂さんは**サラセニア**の八重花を探しているのだそうです。

**サラセニア**の原種は、八種類、**アラタ・ルブラ**、**フラバ**、**レウコフィラ**、**オレオフィラ**、**ミノール**、**プシタキナ**、**プルプレア**とあるのですが、**アラタ**、**レウコフィラ**に八重咲きが極《ごく》まれに見られます。狂さんが手にした**アラタ**の八重花は、たくさんの花びらでバラのようでした。

あとは育種（交配）するために、親によい株を物色している人もいたり。これと、かけるとこんな形になりそうだとイメージを膨《ふく》らませて探すのだといいますから、まさにブリーダーですね。

**サラセニア**ばかりに目を奪われてしまいましたが、**ハエトリソウ**の鉢も大量にあります。一部マニアに有名な伊勢シャークとよばれるのは、ここの「**シャークス・ティース**」のことです。

普段は、一般開放はしていないそうですが、時折こういう形で開放することもあるようで、その喜ばしい日に行くことができて、本当に感激でした。

サラセニアの海の中を、さまよい泳ぐマニアたちの図。

## 憧れの野々山園芸を訪ねて



ベッドで目を覚ました瞬間「ここはどこ、私は誰」と思ってしまいました。コンタクトレンズの入っていない目で、ぼんやりする室内を見渡し、「そうだ、ここは岐阜県各務原《かかみがはら》のビジネスホテル。昨日は、東海食虫植物愛好会の集会に参加して、宴会に出て、ここに泊まったんだった。しかも、私は女だった」と、記憶がどどどっと蘇《よみがえ》ってきました。

そして、テンションが一気にあがります。なんといっても、今日は、朝から愛知にある憧れのハエトリソウの生産農家「野々山園芸」をたずねるのです。食虫植物の生産農家は数が少なくほかの植物のおまけであったりで、メインでやっているところになると数えるほどです。

しかも、私はその生産農家さんを、間接的に知っていました。ホームセンターや園芸店で出回っている**ハエトリソウ**の**ビッグマウス**という品種が、あまりに立派なのにビックリし、ラベルを見たところ、野々山園芸の名前が書いてあったからです。

野々山園芸の**ビッグマウス**は、マニアの間でも評判が良く、東海食虫植物愛好会の集会でも話題が出ていました。みんな**ビッグマウス**を、どれだけ大きく育てられるか競っていたのです。

**ハエトリソウ**は、パックンとした通常二枚貝状の補虫トラップ部分が三センチくらいなのですが、

**ビッグマウス**は四センチを越えることもあります。一般的には、たかが一センチですが、一センチを侮《あなど》ってはいけません。クワガタムシは、種類によっては、一ミリ大きくなるごとに、一円値段が上がるといいますよ。

**ハエトリソウ**が大きくなることはいいことです。私としては、人くらい大きくても、かまいません。いや、むしろのぞむところです。

そんなロマンがつまった憧れの**ビッグマウス**！とうとう、生産しているところを特別に見学させてもらえるのです。

はやる気持ちを抑えつつ、ホテルの一階食堂へ、朝ご飯を食べにいきました。

テーブルには、関東から一緒に来た、ポニーテールの怪男・狂さんがすでにいて、朝食をかっこんでいます。他の遠征《えんせい》隊メンバーの悪代官口調のこち亀さん、純理系のおはじきさん、元寿司職人のユーマさん、古参のマニア松下さんも、昨日の宴会の余波なのかくたびれながらも、もりもり食べていました。

おじさんたちに混じって、わしゃわしゃと朝食を食べ終え、いざ出発です。

同じホテルに泊まった関東組以外のマニアたちは、静岡の**ムシトリスミレ**の自生地に見学へ行くために車に乗り込んでいます。そっちにも行きたかったのですが、体はふたつには割れません。

さて、狂さんのワゴン車に乗り込み、一路、岐阜《ぎふ》から愛知へとわたります。自生地

巨大化したハエトリソウに
会いたい！

へと嬉しそうに車を走らせる一行を見て、自分のことは棚に上げ、ふと「この人たちは、なんでこんなに食虫植物が好きなんだろう」とぼんやり思います。

食虫植物は、どれも好きですが、特に**ハエトリソウ**が好きな私はワクワクしていました。

建物がまばらにしかない田舎道《いなかみち》を走り、広大な畑やさら地を横目に走り続けた先に車が停まりました。目の前には、巨大な温室が三棟も建っています。温室前には、大量の鉢用コンテナが積まれていました。

「ここが野々山さんだね！」

「まちがいない」

「イヤッホウ！」

車から、われ先にと飛び出します。

**ハエトリソウ**の生産農家をしている人って、どんな人だろう。

胸が高まります。

翳《かけ》りのあるマニアっぽい人かなとか、色々想像を巡らしていましたが、温室の中から迎えてくれたのは、意外や、意外。ハーフっぽい顔立ちの優しげなおじいちゃんでした。麦わら帽子をかぶり、チェックのシャツにズボンを履いています。アメリカのファーマーのような雰囲気でした。

「こんにちはー」先陣《せんじん》を切る狂さん。「遠くからよくきたね」と野々山さん。

「温室を見せていただけますか？」

「どうぞ」

野々山さんが、中へと案内してくれます。

つづいていこうと思ったのですが、みんなの勢いがすごく、はねとばされそうになります。楽しみにしていたのは、私だけではなかったのです。

よろめいているのに気づいたユーマさんが、「先にいいよ」と、笑って、道をゆずってくれました。

マニアの温室を見学したことはありますが、生産農家の作場は、はじめてです。

「これは……」

中に入ると、見た目よりもさらに広く、奥行きは一〇〇メートル以上はあります。

天井付近に大きなファンがあり、遮光《しゃこう》ネットが天井内部に張られています。テーブルが奥に向かって、三レーンあり、そこに、ずらーっとすき間なく苗が並んでいました。苗の様子をよく見ると、**ハエトリソウ**の特徴であるトラップが、細かくギザギザと見えます。あまりにも多過ぎて、すぐには、**ハエトリソウ**だとわかりませんでした。

「ウワーッ」と狂さんが叫びました。

温室内にある苗すべて**ハエトリソウ**です。まさに**ハエトリソウ**工場。

## 虫にとっては、凶器《きょうき》生産工場です。

食べてしまいたくなるほど美しい、
ハエトリソウ'ビッグマウス'。

黒のビニールポットに**ハエトリソウ**がぎっしり詰められ、整然《せいぜん》と並んでいます。どこまでいっても、**ハエトリソウ**。株の数は数えきれない程で、一万株ではききません。数万株はあるかもと思いました。

「すごいですねえ」

「そうかねえ。植え替えが大変だよ」

野々山さんは、訥々《とつとつ》とした話し方で、**ハエトリソウ**の苗からひゅっと飛び出たイネ科の雑草を指先でぴっと抜きます。

「いやあ」

「すごい」

「すごいね」

素晴らしい光景を目の当たりにすると、人間、語彙《ごい》が乏《とぼ》しくなります。

「なんで、こんなに大きくなるんですかねえ」

同じく**ハエトリソウ**が大好きな松下さんがウットリとした顔をして言いました。

「大きいかね。大きくなる品種を入れたんだけど、水苔《みずごけ》で植えとるからかね」

「野々山さんの**ビッグマウス**は、すごく大きいですよ。ぼくらの間でも、評判です。それにしても、品質のよい水苔ですね。水苔で植えるの大変じゃないですか」と、ちょっとかしこまる狂さん。

「大変だでな。でも、良くなるしな。チリ産の水苔でな、全部植え替えもしとるのよ」

圧巻！ハエトリソウの苗！苗！苗！

「ヒエーッ。これ全部、植え替えているんですか!!」目眩《めまい》がするような数です。一体全体、植え替えるのにどれほどの時間がかかるでしょうか。

「CP苗（フラスコから出した幼苗）から、二寸、三寸と年に三回植え替えしてね。一年で売ってしようのだけど。時期には、一日中植え替えをすると、腰がつらくなってね」

生産農家の方は遊びではありません。大変なご苦労の先に、われわれが喜んで待っているのです。

「全部**ビッグマウス**ですか?」

「こんなんもあるよ」

と、野々山さんがさらに奥に案内してくれました。

「**シャークス・ティース**だ!」

「立派な**シャークス・ティース**だね」

**「もう、よだれがたれちゃいますね」**

と狂さん。

「食べるんですか?」

「そうっ、こう目の前にかき集めてバクーッと。……そんなわけないでしょう」とノリツッコミ。

見事に大きく育った**シャークス・ティース**です。トラップの縁のギザギザが短く、サメの歯に似ている品種です。

**シャークス・ティース**の苗が大量にあります。やはり、プロはすごいです。私のように「枯らしてしまった」では商売がなりたちません。さらに、野々山さんは、別の種類を持ってきました。

「こんなんもあるよ」

大きな赤い色の**ハエトリソウ**です。**ビッグマウス**のような個体で、どどめ色に近い赤、赤紫色、いわば血のような赤色です。それも鮮血ではなく、鬱血《うっけつ》した色。血を吸ったような**ハエトリソウ**は、やはりビッグでした。

**ビッグマウス**と違うところは、二枚貝状のトラップを支える葉柄《はがら》の部分にフリルがついているところで、これまでに見たこともない品種です。

「それは」

「**オランダ・ピンク**って、名前をつけたよ」

「野々山さんが？」

「うん」

「ところで、なんでオランダなんですか」

「オランダの業者から入れたからね」

**ハエトリソウ**は基本的に1種類しかありませんが、突然変異《とつぜんへんい》株に園芸品種名をつける習わしがあります。ほかにも、**レッ**

**ド・ピラーナ**、**カップト・トラップ**、**ピンク・ヴィーナス**、**ブリスル・ティース**、などさまざまな品種があります。

**ハエトリソウ**は、はじめて好きになった食虫植物で、二枚貝状のトラップ。トラップをふちどるまつ毛のような、歯のようなトゲ、内側が赤く形も色のコントラストも、とにかく魅力的です。トラップは地面に開いたたくさんの口にも見え、目のないクリーチャーのような印象も受けます。

　そんな魅力的な**ハエトリソウ**の生産を、野々山さんは二〇〇五年頃から本格的にはじめたそうです。ちょうど私が食虫植物に出会ったのも、二〇〇五年。運命に近いものを感じます。

「こっちには**サラセニア**もあるよ」

　奥の方に、形の良い**サラセニア**、**セファロタス**もあります。隣の温室に、**ウツボカズラ**の**アンプラリア**もありました。

「植えこみ材料をココピートと鹿沼土《かぬまつち》に変えようかって思ったりね、緩効《かんこう》性のコーティング肥料を入れたり、色々やっとるけど、やっぱり水苔がいいみたいだね。でもね、何年やっても難しいものだね」と野々山さん。

　**ハエトリソウ**をはじめとした食虫植物の生産農家・野々山園芸さんに、ぜひお元気でいていただきたいと切に願います。

ハエトリソウ
ハエトリソウ
ああああ！
ハエトリソウの神様っ！
野々山さま！
野々山さまあ〜

サラセニア牧場発

# サラセニア劇場



高知県には、サラセニア牧場があります。広大な敷地に、サラセニアが放牧《ほうぼく》されて、夜な夜な「キー!」と虫を追って捕まえ、食《は》む……わけはなく、「サラセニア牧場」という名前のサラセニア栽培場があるのです。

オーナーはｔｏｋさんという方で、サラセニアを育種し、サラセニアを育てていらっしゃるとともにサラセニア特有のユニークな花や葉を生《い》け花《ばな》に使うことへの普及に、熱心に取り組んでいます。以前、雑誌の連載時に、サラセニアのアレンジメントでお世話になりました。

「サラセニア牧場」のウェブサイトには、「サラ劇」が

**サラ劇❶**

「あーら奥様、今日もおでかけ?。」
「最近すこしお焼けになったじゃございませんこと。」
「それが今日もゴルフなんざますのよ。日焼け対策してるんざますけどね。ちょっと焼けちゃったみたいざんすわね。」

**サラ劇❷**

「終わったらフランス料理だからね。わすれっこ無しよ。」

紹介され、隠れファンが多いのです。「サラ劇」とは、一体どんなものか、筆者の好みでセレクトしたのをご紹介します。

すべて、オーナーのｔｏｋさん作

サラセニアがしゃべっているように見えませんか?

サラ劇とは、「サラセニア劇場」の略で、ｔｏｋさんの農場で見事に育ったサラセニアを擬人化《ぎじんか》し、台詞《せりふ》をつけて楽しむ、新しいタイプの遊びなのです。

食虫植物が話し出しそうだとは何度も思ったことはありましたが、実際に台詞を付けて作品化されている方がいらっしゃるとは夢にも思わず、はじめ見た時には、あまりの斬新《ざんしん》さに大笑いしました。

## 大好きです、サラ劇。

加えて、素敵な品種の写真がたくさん掲載されていて、サラセニアって、本当にキレイだなぁと改めて思います。



「いいけど、優勝したらってことだからね。そんなこと思っててステップ間違えんなよ。」

**サラ劇❸**

「さんじ、おまえ最近妙に貫禄がでてきたじゃねーか。」

「へい、これも兄貴のおかげです。なんとか兄貴のようになりたいと必死で頑張ってきやした。」

**サラ劇❹**

「ところで、いつご結婚されたんですか?」

「あら、どうして結婚してるって分かったのかしら?」

「いえなに、お口が黒かったので。。。」

「なによそれ、江戸時代じゃないんだから。」

読者投稿もＯＫで、恥ずかしながら、私の作品もあります。

ぜひ、あなたも、自宅のサラセニアにアテレコして遊んでみてね！

サラセニアをもっていない人は、今すぐ「サラセニア牧場」のウェブサイトにアクセスだ。

http://tok1.fc2web.com/index.htm

※サラセニアを見かけるたびに、「しゃべりだしそう」としばらく思い煩《わずら》うことにもなりますが……。

**サラ劇❺**

「むしゃむしゃ。」

「こらー、食べたらいかーん、食べたら。それは食べるもんじゃなーい。」

**サラ劇❻**

「私たち、もう何周した？」

「まだまだいくわよ」

「姉さん若いわね。あたしなんてもうクタクタ」

「康子なんて、のぼせて顔が赤いわよ」

「さっき焼酎を呷ったのよ」

「もうふらふらで、何がなんだかよくわからないわ」

「まさにトランス状態ね」

「盆踊りの練習をやりたいなんて、誰が言い出したのよ」

## 食虫植物の聖地、兵庫県立フラワーセンターへ

灼熱の八月。早朝に撮影のため、兵庫県姫路駅にカメラマンの高橋さんと降り立ちました。いよいよマニアの聖地・兵庫県立フラワーセンターに行くのだと思うと、気持ちが昂《たか》ぶります。

加西市にあるフラワーセンターまでは「ネペンテス・土居」さんが、車で迎えに来て下さることになっていました。

「ネペンテス・土居」さんとは、業界では名高い栽培技師です。特に**ウツボカズラ**栽培は他の追随《ついずい》を許さず、**ウツボカズラ**の学名がそのまま土居さんの冠名《かんむりめい》となっているのです。

そんな熟練《じゅくれん》の技師、土居さんはどんな感じの人なのだろうと想像を膨《ふく》らませます。秘伝を伝授してくれそうな、カンフー映画に出てくる、白髪の老師が浮かびました。

目の前に一台の走り屋仕様のスポーツカーが停まり、あらわれたのは、よく日に焼けた、Vシネマに出てきそうな雰囲気の男性でした。（映画のジャンルが違いました）Tシャツの袖をまくり、作業ズボンをはいています。

ここが聖地、食虫植物の専用温室です。

「遠くから、よくきはったね」

土居さんです。目元がとても優しく、穏やかな雰囲気です。

土居さんのスポーツカーに乗せていただき、一路加西市にある兵庫県立フラワーセンターへ走ること、およそ一時間。延々と続く田園《でんえん》風景の中に、フラワーセンターはありました。一言で言うと広いです。予想を遥《はる》かに超える広大な敷地《しきち》が目に飛び込んできます。

「ここにあったんですね」

ここが聖地かと思うと、隔世《かくせい》の感があり、桃源郷《とうげんきょう》の趣《おもむ》きすらあります。

大きな門をくぐって中に入ると、園内には大きな池が広がっています。一日で回ることは難しそうです。

「今年の暑さは異常でね、**ウツボカズラ**もへたばってしまったんよ」

と土居さん。まだ朝だというのに、気温が上がりそうな気配は濃厚《のうこう》でした。関東も暑いのですが、西の暑さはまた異質《いしつ》です。

まずは、園内にあるガーデンショップに立ち寄ります。ほかの植物に交じって、**サラセニア**、**モウセンゴケ**の**マダガスカリエンシス**が廉価《れんか》で売られています。

ショップ横のレストハウスで機材をおろし、まずは、大温室を見学させてもらいました。

大温室には、洋蘭、**ブロメリア**、**ベゴニア**などの専用温室が集合したもので、その中に食虫植物専用の温室があります。奇しくも、食虫植物専用温室が、リニューアルしたばかりというタイミン

グでした。

食虫植物専用温室！

噂には聞いていましたが、見るのは、はじめてです。

喜び勇んで食虫植物専用のガラス温室に入ったところ、衝撃《しょうげき》を受けました。

## ウツボカズラだらけ……♡

およそ一四〇平方メートルの広さがある敷地に、食虫植物が自生地風ロックガーデンに植栽《しょくさい》されているのです。

なによりすごいのは、**ウツボカズラ**の大群生《だいぐんせい》です。株全体が大きく、大きな捕虫袋が鈴なりについているのでした。

こんなの見たことがない！ってほど、見事です。

稀少《きしょう》な**ウツボカズラ**の**ペルビレイ**、**クリペアタ**の大群生株。

「これは……。すごいですね」

「夏前はもっと調子がよかったんやで」

**トルンカタ**の捕虫袋は、一・五ℓのペットボトルよりも大きく、六〇センチは越えています。これならネズミが誤《あやま》って落ち、溶かされるはずです。

ほかにも**カーシアナ**、**メリリアタ**、**ラフレシアナ**など、マッチョな袋がたくさ

展示品のクリペアタの大株です。

んついています。

**ウツボカズラ**のほかには、大きな**ロリドゥラ・ゴルゴニアス**、**ドロソフィルム**、**ヘリアンフォラ**、専用ケースに入った**セファロタス**もあります。

ロックガーデンに、一緒にメキシコ産、アメリカ産の**ムシトリスミレ**も植えられているのでした。

自生地だって、こんな風に状態良くは育っていません。栽培が上手《うま》い人は、自生地以上の一二〇％のポテンシャルを引き出すのです。いくら人を育成するのが上手いコーチでも、教え子のポテンシャルをこんな風に引き出せるのでしょうか?。

「**ウツボカズラ**も**ムシトリスミレ**も**ドロソフィルム**も、同じ温室で育つんですね！」

「水やりで調整しとるんよ」と、土居さん。

ものすごい技術です。

上空からミストが吹き出し、大きなシダや、コケも一緒に植えられている様子を見ると、マレーシアのジャングルを思い出します。

ここまで見事な**ウツボカズラ**を見ると、もう自分で育てなくてもいいな……とも、思います。想像を超える立派さに圧倒され、ここで**ウツボカズラ**を見られれば、幸せな気分になり、気が済んでしまうからです。

これこそが植物園です。見れば、眼福《がんぷく》なのです。

「じゃ、バックヤードに行こか」




自生地風植栽ベルビレイ!

ブラボーです。

ネペンテス　ペルビレイ
(Nepenthes pervillei)
セイシェル諸島原産の、大変珍しいウツボカズラです。葉の先端から垂直に立てたランプのように見える捕虫袋が特徴的です。
この種類は栽培が難しく、このように自生地に近い状態が見られる栽培株は世界中でここだけです。

「ハイッ！」

軽トラに乗って、離れた場所にある育成温室に向かいます。

育成温室二棟には、**ウツボカズラ**がぎっしりつまっていました。それにしても暑い。温室は遮光《しゃこう》され、窓は全開になり、風通しがよくなっていますが、たぶん五〇度を越えているでしょう。

土居さんにつづいて、育成温室の中に入っていくと、ちょうど**ウツボカズラ**の**アンプラリア**の花が咲き、なんともいえない獣臭《けものしゅう》がただよっているのでした。

栽培棚には、ぎっしりと**ウツボカズラ**の鉢、鉢、鉢。**アンプラリア**、**ラフレシアナ**、集会ではあまり見かけなくなった**グラキリス**、**アルボマギナタ**、**グラキリマ**、**ラインヴァルティアナ**、**ラパ**、**フッケリアナ**。そして、**ベントリコーサ**。**ベントリコーサ**は、捕虫袋の襟《えり》が王冠《おうかん》のようにギザギザして、側面がぷっくりした、かわいらしい種類ですが、その袋はありえないほど大きく、袋の中央が細くくびれているのでした。

用土は乾燥水苔で、触るとかなり乾いています。

奥には、専用温室の展示とは別に**ペルビレイ**の大株がさらにあり、交配種もあるのでした。

「うわー、すごい」

感動しつつも、暑さでふわっとめまいがしました。

「ああ。たくさん見たいのに、ぼうっとしてきてしまいます」

**暑い・・・・・・**

それが、とても残念です。

「倒れんように、気をつけてや」

土居さんが、優しく気遣ってくれますが、そんな土居さんの顔も疲労の色が濃いのでした。

「連日この暑さやろ。もう、しんどいな。昨日も園の人間が倒れそうになったんや。倒れてもおかしくないぞ」

この広大な面積、膨大な量の植物を管理するのは、大変な労力です。それに加えてこの暑さ。生きているだけで精一杯の気温で、体力を削られていきます。その上、土居さんは管理以外の業務もされています。そりゃあ、疲労の色も濃くなるってものです。

食虫植物業界で、幾人《いくにん》もの栽培名人にお会いしてきましたが、皆さん一様に、植物を見事に仕立てる代わりに自分の命を注ぎ、魂を分け与えているように見えます。

## 「おれは、今、何をしようとしたんや」

土居さんがいいます。

私も自分が何をしようとしたのかわからず、温室の中を、意味なく、ぐるぐると歩き回ってしまいます。水筒に入れてきた氷水で水分補給《すいぶんほきゅう》しますが、それでもふわーっとめまいがしてきます。われわれがぐったりするのと反比例して、まるで人の精気《せいき》を吸っているかのように、**ウツボカズラ**はツヤツヤとして見えますね。

「ずいぶん用土を乾かしているんですね」

「うん。辛めがいいよ。見極《みきわ》めが難しいけどね。ぎりぎりまで辛めにして、もうダメだって一歩手前で水やりすると、爆発するんよ。夜になったら、水をばーっとかけてやるんよ。**ウツボカズラ**は、葉水《はみず》が好きよ。ツボの中や葉っぱにかけてやってな」

ティランジアの育て方に少し似ています。

「でもな。もう長いこと栽培しとるけど、こいつらのことは、やっぱりわからんのよ。わからんことがいくらでもあるんやで」

植物に向き合い、真剣に取り組んでいる方から必ず聞く台詞《せりふ》です。

高湿度で栽培していないためか、どれも形ががっちり締まっています。**ロリドゥラ**の実生株のほか、**モウセンゴケ**の**ハミルトニー**ももこもこと生えて、古い葉が層をつくり、塔になっています。

私も**ハミルトニー**を育てていますが、葉数が違います。

「あれッ。**ハミルトニー**って、こんな形になるんですか」

「みんな驚くけど、なるんよね」

温室の外の棚に、**イビセラ**と**プロボスキディア**の花が咲いていました。どちらの花も、すごい匂いです。**イビセラ**は獣《けもの》の匂い、**プロボスキディア**は、化学的な匂いがします。

## どちらも果実に鋭い鉤状《かぎ》の爪が生え「悪魔《あくま》の爪」と

# 異《い》名《みょう》をもちます。

「すごい匂いですね」

「せやろ」

「**プロボスキディア**の匂いの方が苦手です」

「そうか。**サスマタモウセンゴケ**の花なんて、いい香りがするけど、知っとる?」

**サスマタモウセンゴケ**の花がいい香りだなんて感じたことがないし、聞いたこともありません。

「いいえ」

「それがな。株の調子が良いときにするんよ。面白いやろ?」

**サラセニア**の花の中にも、良い香りがするものがあります。

撮影用にお借りした苗を軽トラの荷台に積み、レストハウスに戻ります。二日間かけて**ウツボカズラ**の撮影を終えると、食虫植物温室横の**サラセニア**展示も見学しました。

巨大プールの中に、大量の**サラセニア**の大鉢が、ディスプレイされています。屋外に置いてあるにもかかわらず、葉がとてもきれいで、やはり締まっていました。

「敷地内に食虫植物の自生地もあるよ」と、遊びにきてくれた関西のマニア・大阪屋さん。

炎天下で、がっしりと締まったサラセニアたち。

「へえ」

「**コモウセンゴケ**、**トウカイコモウセンゴケ**、**イシモチソウ**が同じところに生えている場所があるんですよ」

「それは珍しい！」

これだけ立派な食虫植物が見られる植物園の中に、さらに自生地があるのです。食虫植物好きには、よい意味でダメ押しです。

しかし、タイムオーバーで自生地見学は叶わず、次に伺える機会が楽しみでなりません。

最後に、園長の金川さんにご挨拶にいきました。

事務所の建物の中にある園長室に通され、パックのお菓子を出してもらいました。

パックのお菓子のパッケージには、「粗品《そしな》　**ウツボカズラ**」と書かれています。

「んっ？これは……」

**ウツボカズラ**のアラタの写真が中央に、「虫たちが命をかけて食べる蜜と同じ成分の入ったパイコルネです」と説明書きが添えられています。

「これは……」

「**ウツボカズラ**パイです。これが中身ですよ」

なんと中には、たっぷりとクリームが入った**ウツボカズラ**の形を模したパイケーキが、ごろっと二個入っていました。

衝撃！ウツボカズラのパイコルネです（左）

「食虫植物専用温室が、リニューアルオープンした時に、関係者に贈《ぞう》呈《てい》したんですよ。だから、冷凍保存した非売品なんですけど、ご参考までにどうぞ」と、金川さん。

すごいです……。

食虫植物のお菓子では、**ムジナモ**の自生地羽生市の「銘菓《めいか》**むじなも**」がありますが、**ウツボカズラ**モチーフの菓子は、はじめてです。

「すごいですね。どなたのアイディアですか」

「私です」と、金川さん。

「しかも、**ウツボカズラ**の蜜と同じ糖度《とうど》にした方が面白いだろうって。蜜の糖度を計測して合わせたんですよ」

「ちなみに糖度は」

「一九度です」

「けっこう甘いですね」

「それがな。種類によって糖度が違うんや。平均値を出したんやけど。粘性も違ってな、おもしろいよ」と、土居さん。

「洋菓子の老舗《しにせ》の神戸ベルに作ってもらったんです」

「本気ですね！」

「販売されたらいいのに」と、カメラマンの高橋さん。

「売るとなると、採算《さいさん》が難しくてね。日もちもしないので、考える余地がまだあるんです。ほかにもね、**ウツボカズラ**のピアスも面白いんじゃないかって思っているんですよ。フェロモンとかの媚薬《びやく》入りとかね」笑う、金川さん。

「植物園で、媚薬はまずい気がしますよ」

媚薬を使うのなら、秘宝館《ひほうかん》で販売する方がウケそうな気がします。

「色々お世話になりまして、ありがとうございました」

「そんなん、ええんよ」

微笑む土居さん。

「本当に、すごい**ウツボカズラ**でした」

「色々な植物園の食虫植物展やテレビ番組にも、うちの**ウツボカズラ**を貸したりするんよ。特に東京で展示ってなると、いやがおうにも気合いが入るんや。よし、ごっついのを見せたろって。意地になってな。こっちの人間は、そういうもんやで」

心に刺さります。返す言葉も見つかりません。

「また来たらええよ」

そう言うと土居さんは、颯爽《さっそう》とスポーツカーで、去って行ったのでした。

# ウツボカズラ飯

## 食虫植物を食べてみる？………①

「食虫植物でなにか面白いネタはありませんか？」
ひょんなことから知り合いになった、雑誌『実話ナックルズ』（ミリオン出版）の編集者ニシダさんに突然、電話でそう言われました。

「**ウツボカズラ**飯なんか、面白いですよ」

私は、まるで麻薬《まやく》のバイヤーが「いいマブネタがあるんですよ」と言うがごとく、声をひそめてニシダさんに言いました。それもそのはず『実話ナックルズ』は裏もの系のネタや芸能人の暴露《ばくろ》話《ばなし》、暴力団の抗争など、暴力と闇《やみ》社会に満ちあふれた雑誌なのです。

「いいですね、**ウツボカズラ**飯。それいきましょう」

ニシダさんも、同じように声を潜《ひそ》めて言いました。

こんな風にあやしく紹介したものの、**ウツボカズラ**飯とは、私が妄想《もうそう》の果てに考案した奇妙な料

理ではなく、現存するれっきとした料理であります。

**ウツボカズラ**飯の話は、以前に永田農法の永田洋子さんから、うかがったことがありました。永田さんがマレーシアの山岳民族・ダヤック族の酋長《そうちょう》のお宅を訪ねた時に、マレーシアのなれ鮨《すし》をごちそうになりつつ、**ウツボカズラ**飯の話を聞いたそうです。

「われわれは、山を登る時に**ウツボカズラ**飯をおやつがわりに食べる」

「少し酸っぱくて、腐りにくいから携帯食に最適」

と酋長は、永田さんに話したそうです。なんて、ロマンのある料理なんでしょう。

具体的にどんな料理かというと、**ウツボカズラ**の捕虫袋の中にお米をつめて蒸すだけ。この時に消化液も一緒に入れるために、ほんのり酸っぱくなるそうです。中に赤豆や鶏肉《とりにく》を入れることもあるのだとか。

つくってみるにあたり、まず本当に毒性がないか文献をあたり「食毒なし」との記述を見つけて、安心しました。それから、食べられるだけの大きさの**ウツボカズラ**は、うちでは栽培できないので、食虫植物の業者さんから取り寄せましたが、食べるために取り寄せていることには、一抹《いちまつ》の罪悪感《ざいあくかん》をおぼえました。なんでしょう……ペットショップから食べるために動物を買っている気分に近いと申しましょうか。

取り寄せた種類は、**ダイエリアナ**、**ベントリコーサ**、**アラタ**です。

**ウツボカズラ**の鉢を見ていると、だんだん後ろ暗い気持ちになり、公に言うのは、はばかられると、テンションが下がってきました。

しかし、やめるわけにはいきません。

撮影当日、編集のニシダさんは、インベカヲリさんという、アート系の女性カメラマンを連れてきました。

私の暗い気持ちとは裏腹《うらはら》に、ニシダさんのテンションは高いものでした。

**ダイエリアナ**の袋をたんねんに、ゴシゴシと洗い、ココナッツミルクで炒めた米をスプーンで少しずつ入れていると、すぐに、ニシダさんが近づいてきて言いました。

「俺もやっていいっすか??」

どうぞ、どうぞ。

いつも園芸植物として育てている、**ウツボカズラ**の袋に米を詰めている行為は、なにかへの背徳行為《はいとくこうい》にも思えま

した。いずれ後ろ暗くも悦びになりそうです。

「旨そうっすね」

ニシダさんは、私の気持ちをまったく解さずに、比喩《ひゆ》ではなく、よだれを垂らしていました。これが旨そうにみえるんかい!。大物ですよニシダさんは……。私は心がくじけそうです。

味のアクセントにナッツやバナナも入れました。**ウツボカズラ**も虫しか入ったことがないだろうに、バナナや米や色々なものを入れられて、どう思っているのでしょうか。

全部詰め終えた後、蒸し器で蒸すこと20分。湯気の中からあらわれた**ウツボカズラ**。赤い色が少し褪《さ》め、しっとりした赤茶色になっていました。

**ウツボカズラ**の袋を、バナナを剥《む》くように、はがすと、米にほんのりとウツボカズラの赤い色がついています。

まるで歯についた口紅のようです。

「俺、今日何も食わないできましたよ!」

湯気の中に顔をつっこみ、メガネを曇《くも》らせて、ニシダさんは言います。どんだけ食べる気なんでしょうか。

**ウツボカズラ**をさらに剥いていくと、洗い残しのアリが姿をあらわしました。インベさんは、ここで嫌な顔を隠しませんでした。

「すみません。でも、火は通っているし、かえっていい味になるかも?」

すかさずフォローを入れます。

「気にしないっす」

とニシダさん。私もですが、ニシダさんは、もう少し気にした方がいいでしょう。

ココナッツミルクで炒めた米を蒸した味です。若干《じゃっかん》の酸味が、もしかしたらウツボカズラの風味かもしれません。「ウツボカズラも食べましょうよ」とニシダさんに唆《そそのか》されて食べたところ、旨くもまずくもない、しいて言えばマメのさやの味でした。

## あなたも ウツボカズラ飯が 作れるレシピ！

材料（4人分）

・ココナッツミルクペースト……100cc
・餅米……2合
・塩……少々
・砂糖……大さじ1杯半
・バナナ……1/2（スライスしておく）
・ウツボカズラ（ダイエリアナの捕虫袋）……4つ

①缶詰のココナツミルクペースト100ccを鍋に入れ、弱火で熱します。砂糖を大さじ2杯入れ、塩を少々入れ、といだ餅米（2合）を静かに入れます。焦げ付かせないように気を付け、木ベラで動かしながら、ゆっくりと水分を飛ばし、炒め煮していきます。餅米が透明になり、少し粘りけが出たら火を止めて下さい。火の通りは6割ほどでいいでしょう。

②よく洗ったウツボカズラの袋の中に、1の餅米をつめていきます。ウツボカズラは壺の内側に虫がたまっているので、よく洗浄した方が良いでしょう。今回は、具をバナナにしました。スライスしたバナナを餅米と交互につめていきます。大体ウツボカズラの7割〜8割を目安につめて下さい。（具が多いと、蒸したとき に破裂します）

③蒸かし釜にクッキングペーパーを敷き、2でできたウツボカズラを並べ、中火で蒸します。ウツボカズラの大きさによっても変わりますが、蒸し時間は大体20分前後くらいで、餅米に火が通ったら完成です。

# 炎天下の天ぷら

## 食虫植物を食べてみる？………②



あれは九月のはじめ、汗のしたたる暑い日でした。
またもや食虫植物を料理することになったのです。今度は、**ウツボカズラ**飯だけではなく、**ウツボカズラ**と**モウセンゴケ**の天ぷらというオリジナルメニューまで、引っさげて。

**ウツボカズラ**飯の記事を見た番組から連絡があり、野草のアウトドア料理を得意とされている俳優の岡本信人さんと一緒に食虫植物の料理を作ろうということになったのです。

いいんですか、岡本さん!?**ウツボカズラ**や**モウセンゴケ**は、野草といえなくもないですが、野草と言い切ってしまうのもアレな感じがしますよ?と私は思ったのですが、岡本さんはきっと「いいですよー」と言ったのでしょう。決行とあいなりました。

朝八時にロケ地の公園に行き、岡本信人さんとご挨拶しました。はじめてお会いする岡本さんは、もの静かでひょうひょうとした雰囲気とは裏腹に、肌がつやつやとしていました。

それから、ヨネヤマプランテーションに行き、岡本さんと食虫植物の初対面を果たし、お昼くらいに、食虫植物の専門業者である、大谷園芸さんに移動しました。大谷さんのお庭でアウトドアクッキングをするために、ロケ場所にお借りしていたのです。

まずは、**ウツボカズラ**の消化液の試飲です。**ウツボカズラ**の袋にストローをさして、ちゅーっと飲みます。青臭くて、あまり美味しくありません。少し油っぽさもあり、予想していた酸味はありませんでした。

お次は、**モウセンゴケ**を生で試食です。

**モウセンゴケ**栽培の名人、中村さんからいただいた無菌栽培《むきんさいばい》の**アフリカナガバモウセンゴケ**を培《ばい》養瓶《ようびん》からピンセットで取り出しました。

**「生で食べたら面白いんじゃないですか？」**

名人直々の提案でありました。まあ、育てた方がそう言って下さるのなら。でも、なぜかご本人は「皆さんで、どうぞ食べて下さい」と笑いをこらえた顔で去りました。

岡本さん、大谷さん、私で、いっせいので、生の**モウセンゴケ**を食べたところ、

**「辛い!!」**

と全員で叫びました。生の**モウセンゴケ**は、後味がとても辛かったです。揮発性《きはっせい》の辛味で、貝割《かいわ》

れ大根の辛味によく似ていました。

お次は、**ウツボカズラ**飯です。蒸し時間が短かったのか、固く炊けてしまいました……。(というか、明らかに生米でした)

しかし、岡本さんは、躊躇《ちゅうちょ》なくバナナのように持ち、かぶりつき、モリモリ頬張《ほおば》ると、「旨い」と親指を立てていました。すごい方です。

お待ちかねの天ぷらは、必ず油の温度が一七〇度でなければならないそうで、アウトドア用でかつ火力の強いコンロを使用します。

手慣れた手つきの岡本さん。気泡《きほう》がはぜる高温の油に投入される**ネペンテス・ダイエリアナ**。**ダイエリアナ**が鍋の中でくるくる回転します。

なんてシュールな絵なんでしょうか。

思えば、**ネペンテス・ダイエリアナ**をはじめて見て「この世にこんな面白い植物があるなんて」と衝撃《しょうげき》を受け、その魅力に引き寄せられるように、大人買いをしたのでした。

それを今は揚げてしまっているのです。人生一寸《いっすん》先はどうなるかまったく見えません。正直、なぜ食べているのかもよくわからないのです。

**ウツボカズラ**がからりと揚がったところで、岡本さんが「はいよ」と皿に載せてくれました。はじめて食べる**ウツボカズラ**の天ぷらの味は、肉厚で、さくさくしていて、ほんのり酸味があり、すごく美味しいです。

「こんなに美味しいんですね」と言ったところ、

「エッ。……今日はじめて食べたような口ぶりじゃないの」

岡本さんは完全に硬直《こうちょく》していました。

「いやー、揚げたのははじめてです」

「よく食べているもんかと思ってたのにー。やめてよ、もう」

「どれ、一口。んー、食べられるね」

横から大谷さんも手を伸ばします。

お次は、**アフリカナガバモウセンゴケ**の天ぷら。放射線状《ほうしゃせんじょう》に伸びた葉っぱの下から、ハサミでちょきっと切ります。なんでしょう、頭を切り落としてしまったような罪悪感《ざいあくかん》を覚えます。

じゅわじゅわと揚がり、またもや皿の上に。

**モウセンゴケ**の形がそのまま保たれています。

ひとくち食べると、**モウセンゴケ**特有の粘液が完全になくなり、腺毛《せんもう》のざらざらとした嫌な舌触《したざわ》りだけが残りました。一言で言えば、まずい。

「まずいですね」と私。

無言の岡本さんと大谷さん。

炎天下の庭で、油の音がいつまでも、しゅわしゅわと響いていました。

# 食虫人間にメタモルフォーゼ

## 食虫植物を食べてみる？…………③

「爬虫類人間（レプティリアン）の会」に行った時のことです。

爬《は》虫類《ちゅうるい》人間《にんげん》とは、ヒト型《がた》爬《は》虫類《ちゅうるい》の一種で、人類を影から支配している宇宙人の末裔《まつえい》なんだそうです。よくわかりませんですけど。この会は、われこそはその末裔であるという人間が参加し、シマヘビやマムシ、ワニなどを食べる会です。（……同族を食べる会なのでしょうか？）

メンバーは作家の北芝健さん、月刊『ムー』の編集長、サイエンスライターの川口友万さんなどです。私は、おそらくヒト型爬虫類ではありませんが、シマヘビやマムシ、ワニを食べることに興味が大いにあったので、ヒト型爬虫類の中に紛れていました。

シマヘビのソテーを食べ、サンショウウオをつまみ、ワニを食べ、クマを食べ、マムシの胆嚢酒《たんのうしゅ》を飲み、スッポン鍋をつつき、ひと息ついた時に目の前にいる憂《うれ》いを帯びた美女から、

「面白いものを見ませんか」

と話しかけられました。

彼女はおもむろにスマートフォンを弄《いじ》り、動画の再生ボタンを押しました。

もしや、ヒト型爬虫類にメタモルフォーゼする動画?と私はワクワクしました。

しかし、その動画は女性がゴキブリが浮かんだ粥《かゆ》を美味しそうに食べているもの。

面白いもの……?と衝撃《しょうげき》を受けました。

しかも、食べている女性は、まさに目の前にいる美女。

彼女はムシモアゼルギリコさんといい、虫を食べるのを趣味にしているのだそうです。

虫を食べるのは趣味になるのかと、目からうろこです。

ギリコさんは、このゴキブリ粥の動画を虫食い仲間に撮影・編集してもらい、youtube にアップしたところ、運営サイドから「グロ動画」ということで強制削除《きょうせいさくじょ》されたと、悲しそうに言いました。

「食虫植物も虫を食べるから、私は虫には抵抗はないですよ」

うん。虫には抵抗はない。私は特に間違ったことは言っていないと頭の中で反芻《はんすう》しました。

すると、ギリコさんは人差し指を立てて、目を輝かせて言います。

「なら、虫を食べるのにも抵抗はないですね!」

うーん、そうなのかな。

虫に抵抗がないことと、虫を食べるのに抵抗がないこととの間には、大きな飛躍《ひやく》と

虫を食べるのが趣味の女性。ムシモアゼルギリコさんと出会って。

いうよりも、暗くて深い溝《みぞ》があるように思います。

「この人はね、食虫植物も食べるから」

話しかけてきたのは、ライターの川口さん。ジャガイモとキューピーを足して二で割ったような雰囲気の御仁《ごじん》で、私が**ウツボカズラ**飯の記事を寄稿した『実話ナックルズ』の同じ号に、体当たりの実験レポ連載を掲載していたのでした。

「じゃあ、昆虫料理とコラボができますね！」

話はトントン拍子に進み、ギリコさんが所属する昆虫料理研究会のイベントにゲスト参加することになっていました。

昆虫料理研究会。さらっと書きましたが、食虫植物愛好会でさえ、存在することに驚いたのに、世の中には、ほんとうに色々な会があるものです。生きている間に、このような会にぶつかるとは思いもしませんでした。

食虫植物を料理したのでさえ、ハードルが高かったのに、生きていると越えるべきハードルがどんどん上がっていきます。

**ウツボカズラ**飯、**ウツボカズラ**の天ぷらの次は、昆虫料理と一緒。次には何が待っているのでしょう？。おそろしくも、楽しくもあります。

「ゴキブリと**ウツボカズラ**の唐揚げ、一緒盛りがいいと思うんです」

ギリコさんは、事前打ち合わせの電話でいいました。

「揚げるんですか？」と私。

「サラダでもいいですよ」

いつの間にか選択肢がサラダか揚げるかの二者択一《にしゃたくいつ》になっていました。揚げられるのかどうかの質問は、ギリコさんからはありません。

「じゃ、揚げますか」

「そうしましょう！」

それで本決まりとなりましたが、大いに不安がありました。というのも、**ウツボカズラ**はそもそも園芸品種であって、食用には栽培されていません。一応食毒なしとの文献にはありましたが、すべての種類において確認されているわけではないでしょう。私が食べる分には自己責任ですが、食べた人が食あたりを起こしたら、申し訳ない。では、すみません。

とにかくよく火を通そう。虫を捕まえた袋は雑菌《ざっきん》が繁殖している可能性があるので、まだ蓋《ふた》の開いていない未成熟な袋を使おう。

固く決意し、園芸業者にお願いして、大型の**ウツボカズラ**である**ネペンテス・ダイエリアナ**のまだ蓋の開いていない捕虫袋を送っていただきました。

不安な気持ちとともに、**ウツボカズラ**の袋を大量に抱えて、ギリコさんと会場に向かいます。

会場は、お料理教室みたいなところを想像していました。昆虫という変わった食材を扱うにせよ、公営の調理場みたいなものをお借りして、そこで和気あいあいと作るのかな……と。

ところが、会場に入ると、目の前には、あやしく緊縛《きんばく》されたマネキンがかざられていました。なんだ、ここは?。

赤と黒と紫を基調《きちょう》にした、薄暗い室内で、イベント名は「奇食《きしょく》の宴《うたげ》」と書かれています。いきなり頭の中で、バロック音楽が響きます。

一気にお料理教室から、澁澤龍彦《しぶさわたつひこ》か江戸川乱歩《えどがわらんぽ》の世界へと連れて行かれた気がしました。

前菜は、食虫植物と昆虫で、メインディッシュに女性の天ぷらでも出てきそうないきおいです。

しかも、スキンヘッドに刺青《いれずみ》を入れた男性が、カウンターの奥で忙しそうに働いています。

その中で、およそ雰囲気から浮いている研究者風の男性が、立ち上がりました。

「昆虫料理研究会主宰の内山昭一です」

内山さんは、まるでこのお店の衛生検査《えいせいけんさ》にきたかのような雰囲気のひょうひょうとした方でした。

私は移動用の発泡《はっぽう》スチロールのケースから気乗りしないまま、**ウツボカズラ**の袋を取り出します。

これを食べるのか。みんな食べるのだろうか。

「こんなものを食わせやがって」と店を追い出されるのでは。そんな展開が脳裏をめぐります。

でも、失敗を恐れずにやってこその人生です!

いよいよ店がオープンになり、このお店にふさわしいゴスロリやパンク、アート系のお客さんたちでぎゅうぎゅうになりました。

うーん、お料理教室というには、ほど遠い感じです。

顔中ピアスだらけだったりするエッジの効いたお客さんたちを前に、私は**ウツボカズラ**の捕虫袋を手にとり、捕虫する仕組みと消化液の説明をします。

植物園で説明するよりも、シュールですね。

ふと、日本食虫植物愛好会で自生地探索に行った人たちが、**ウツボカズラ**の消化液を飲んでいたのを思い出し、エピソードとして話しました。

「消化液も飲めるんですよ」

途端に、目の前に置いていた**ウツボカズラ**が奪い合いになります。どんだけ飲みたいんだ！

「あとで調理するので、飲むのはひとつだけにしてください」

すかさず、ギリコさんから助け船。慣れているのか、声がとても冷静です。すると、ジャンケンになりました。浜田山で食虫植物の購買権を勝ち取るのもジャンケン、ここでもジャンケンです。

勝った大学生ぐらいの男の子が、ガッツポーズをし、鼻息《はないき》荒く意気揚々《いきようよう》と捕虫袋の消化液を飲み干しました。

「おいしい？」

一同どよめきます。

「うん……、いける!!」

彼の目は好奇にかがやいていました。彼らにとっては、なんでも旨いのかもしれ

お料理教室から一転、
「寄食の宴」へ。

ません。こんなものを食べさせて！とクレームがついたり、食あたりを起こして問題に発展する心配はまったくなさそうです。

一段落したので、調理を開始。

店の厨房で、ギリコさんが油を熱し、タッパから小さな数珠《じゅず》の塊のようなものを大量につかみ出しました。それぞれの細かな足が動き、手の間からいまにも逃げ出しそうです。

「それ、なんですか？」

## 「マダガスカルゴキブリの幼生ですよー。ふふふっ♡」

ギリコさんはかわいく笑います。

はじめて見たマダガスカルゴキブリは、ゴキブリというより、黒々としたダンゴムシのようです。

「揚げ過ぎると苦くなるからね。からっとがいいんですよ」

と内山さん。

よく熱された油の中にゴキブリをざらざらっと放り込むと、しゅーっと湯気が立ち、香ばしい匂いと特有の酒《さけ》粕《かす》と卵を足したような匂いが広がります。

これが、ゴキブリが揚がる匂いなんだ。すっごく珍しいけど、あまり知らなくてもいい知識を得てしまいました。

つづいて、衣をつけた**ウツボカズラ**を別の鍋に入れて、揚げました。しゅわわーっと油の中でゆっくり回転する**ウツボカズラ**を見ると、いつも人生のふしぎを感じます。

皿の上によく揚がったマダガスカルゴキブリと**ウツボカズラ**の捕虫袋を一緒に盛りつけました。食べられるものと食べるものが一緒盛り。そんなことをする人間の業《ごう》って深いです。

「一口大に切った方が食べやすいんじゃないですか?」

ごもっともです、ギリコさん。包丁《ほうちょう》で二センチずつくらいに**ウツボカズラ**を輪切りにします。からっと揚がっていたので、さくさくと上手く切れました。

お客さんの前に出すと、四方から手が伸びて、あっという間になくなります。残ったのは数匹のマダゴキ（みなさんこんな風に略していました。**ネペンテス**を**ネペン**というように!）と**ウツボカズラ**の襟《えり》の部分だけ。

「山菜の天ぷらが好きでよく食べるんですけど、ユキノシタとかスベリヒユに似ていますよ」

ゴスファッションの女の子が、意外にもアウトドア派な感想を言ってくれました。

何事も物は試し。人生は冒険です。生まれてはじめて、マダガスカルゴキブリを食べてみました。

サクサクして、香ばしい歯触りです。噛み締めると、特有の酒《さけ》粕《かす》のような臭みがありますが、旨味が濃くてまずくないです。

ウツボカズラのエリにゴキブリが!!!
一緒盛りです。

「いやいや、おいしいですね」

そして、私は爬虫類人間ならぬ、食虫人間へとメタモルフォーゼしたのでした。

「奇食の宴」メニューは以下の通り。

・ウツボカズラの天ぷら、揚げたマダゴキの幼生を添えて
・セミ蛹《さなぎ》の燻製《くんせい》
・乾燥カイコ蛾《が》のスナック
・カイコ蛾《が》の佃煮《つくだに》入りお結び
・カイコ蛾、ザザムシの大和煮《やまとに》
・オオスズメバチ蛹のバターソテー
・コウモリのスープ

黒ミサの晩餐《ばんさん》のようですね。はじめて食べたセミの蛹は海老によく似てプリプリし、オオスズメバチ蛹のバターソテーは濃厚なコクと甘味がありました。コウモリは、豚肉に近い味です。カイコ、ザザムシは地域によって食べられることもあり、なるほど食べやすい珍味《ちんみ》でした。

# 一日限定の「SEMI BAR」

## 食虫植物を食べてみる？………④

すっかり食虫人間にメタモルフォーゼした私に、憂《うれ》いを含んだ美女ギリコさんから、またもやお誘いがありました。

「一緒にセミバーをやりませんか？」

セミバー？　理解するのに数秒かかりました。

「セミバーのセミって、あの虫の蝉《せみ》ですよね」

「もちろんです。これから公園に行ってカラスと格闘しながら、セミの蛹《さなぎ》を捕まえますので、それを使って一日限定のバーをやろうと思います。食虫植物料理とのコラボをしませんか？」

長髪でアンニュイなギリコさんが、すばやい手さばきで虫アミを、孤独《こどく》に振り回している姿を想像して、おかしくなりました。

「やりましょう！」

撮影：ムシモアゼルギリコ氏

当日、またもや大量の**ウツボカズラ**を抱えて、都内某所のダイニングバーへと向かいます。準備中の薄暗いお店に入ると、すでにギリコさんがいました。カウンター席に座り、作業しています。

学生の頃、親戚の居酒屋で仕込みのアルバイトをしたことがあるので、開店前の匂い、雰囲気といい既視感《きしかん》のある懐かしい風景でした。串刺しって、あんがい難しいんですよね。

よく見ると、ギリコさんは一生懸命セミの成虫とシシトウを串に刺しています。

「縦に刺すのと横に刺すの、どっちがいいと思います？」あくまで真剣なギリコさん。

「縦でしょうな」

セミバーのメニューはこの通り。

・セミ串揚げ
・セミ燻製《くんせい》
・セミのコンフィ
・セミチリ
・野菜スティック、セミ味噌ディップ付き
・ハチノコ小鉢
・タイワンツチイナゴのから揚げ／イナゴの佃煮
・ウツボカズラ天
・ワームチーズケーキ
・ミード（蜂蜜酒）
・アリ酒
・タガメ焼酎
・ウツボカズラカクテルなど

今回は、セミだけではなく、いろいろな虫を食べることができます。食虫植物が少ないのは気になります。**モウセンゴケ**を練り込んだパスタとか、**ハエトリソウ**の挟み揚げとか色々考えても、よかったかもしれませんが、もう当日です。

開店の十八時には、どわっとお客さんがなだれこんできました。

カウンターに伝票が一気に十枚ほど並びます。しかも、それがまったく途切れません。

私とギリコさんは、超人気ラーメン店のホール係よろしく、普段の五倍速で動かなければなりませんでした。虫、超人気です。

「こっち、まだセミ串揚げきてないよ!!」

「こっちだって。セミのコンフィが！」

怒号《どごう》が響《ひび》きわたります。

何回「今参りますので、少々お待ち下さい!!」と叫んだことでしょうか。

そんなに虫が食べたいか!!!と、こっちが用意したのにもかかわらず、お客さんの口に虫をつめこみそうになりました。

早くも、**ウツボカズラ**天は売り切れてしまいました。

一見《いちげん》のお客さんから、ライター仲間、昆虫料理研究会の方たち、珍しいものを食べたい好事家《こうずか》まで、多くの方が入れ替わり立ち替わり、何回転したことでしょう。

予想を遥《はる》かに超えるお客さんの数を前にして、われわれは、完全にお運びさん

夏にしか味わえない
大量のセミ料理！

に徹していました。セミ&食虫植物バーという革新的なイベントであるにもかかわらず、全然誰とも話ができません。この会の趣旨や、制作話も……。

でも、負けない。ギリコさんも憂いを帯びたまま、すばやく動いています。

そして、やっとオーダーが落ち着いたのが二十三時頃。（開店から五時間後！）五時間マラソンで走ったかのような疲労を全身に感じ、猛烈《もうれつ》にのどがかわいていることに気づきました。何一つ口にしていなかったのです。

「ギギギ、ギリコさん、なにか飲み物をください」

「お疲れさまです!!これをどうぞ」

ギリコさんは阿吽《あうん》の呼吸で、大きなグラスに氷を入れ、なみなみとウーロン茶を注いでくれました。半分ほど一気に飲み干したあと、

「あれ、これ変わった味ですね」

「そうですか?……アッ、それ、カイコの糞《ふん》茶でした」

一気にぶーっと吹き出しそうになりました。

「わ、わざとじゃないんですよ。ウーロン茶のペットボトルに入れていて、うっかり……」

あまり虫食に抵抗がない私は、驚いただけで大丈夫でしたが。虫がダメな人だったら、ものすごいサプライズです。ああ、びっくりした。聞けば、カイコのフンを乾燥してお茶にするのだとか。漢方薬にもなっているそうですよ。

セミ、食虫植物大人気!

落ち着いたところで、テーブルを回ると、食虫植物マニアのシマさんとおはじきさんがいました。私は再び胸が痛みました。食虫植物マニアだったら、複雑《ふくざつ》な心境でしょう。昆虫料理愛好家は、ウツボカズラを食べることにまったく抵抗を見せませんでしたが、彼らはきっと違うハズ……。二人は、案の定複雑《ふくざつ》な顔をしていました。しかも一人は目に涙を浮かべています。ウッ、ごめんなさい。そんなにひどいことをしたんですね、私。泣いているマニア、おはじきさんが口を開きました。

## 「セミがかわいそうで……」

エッ。そっち???

「セミはね、幼虫の間、土の中で何年も暮らしているんですよ。それを出てきたと思ったら、こんな風に食べてしまうなんて」

おはじきさんは、どっぷりセミに感情移入《かんじょういにゅう》していました。……なぜ?食虫植物が好きな人は、前世《ぜんせ》が虫かもしれないとよくいわれますが……。

見れば、おはじきさんはセミにはひとくちも口をつけず、ただビールを飲んでいます。おはじきさんは、テーブルをバシッと叩き、はらはらとうつくしい涙を流しました。

隣のテーブルに座っていた人が、ぎょっとした顔で彼を見ています。

思わず『ジャ、ナンデキタンダ』と、来ていただいたにもかかわらず、口から出かかったのは言うまでもありません。

# 前菜は「ウツボカズラ」

## 食虫植物を食べてみる？……⑤



食虫植物マニアになり、食虫人間になり、食・食虫植物人間にもなった私ですが（もはや何が何だか）、しばらく、食・食虫植物は封印しようと思いました。（あ、なんだか野球マンガに登場する魔球のようですね）

なぜ封印しようかと思ったというと、どうしても背徳感《はいとくかん》から逃れられないからです。食虫植物を愛するあまり、自己同一化し、どうにも猫や犬などのペットや、同族を食べているような気分になるのです。感情的な問題です。

理屈《りくつ》では、普段から野菜や肉を食べているわけですし、食べていけない法はないのですが、辛いのです。それだって、一方的な自己投影《じことうえい》に過ぎないし、幻想《げんそう》に過ぎないんですけど！ わかってますけど！ 背徳の味なのです。

そんな折、ふたたび「食虫植物を料理しませんか」と某番組から連絡がありました。

……迷いました！ 迷いましたが、私は期待にはなるべく応えたいのです。

五秒迷って、お引き受けしました。

どうせやるのであれば、これを最後に、今までやったことのない料理をしたいと思いました。新しいこと、私にしかできないことをしなければ、やる意味がありません。

そこで、食虫植物を美しく料理にしようと思いました。

食虫植物のコース料理を作るのです。自分の思いつきに気分をよくし、早速メニューの組み立てを考えました。

前菜には「**ウツボカズラ**舟のカニサラダ」**ウツボカズラ**の捕虫袋を縦に切り、ふたつに開いて舟にし、そこにカニとキュウリとタマネギのサラダをのせたもの。カニの白い身に、バジルソースを添えて、色彩をにぎやかにします。**ウツボカズラ**の自生地はマレーシアやフィリピンなどの東南アジアなので、洋蘭のデンファレを飾りつけましょう♪。

お次は「**ウツボカズラ**のフリッター、鉢植え仕立て」

**ウツボカズラ**の株のクキの下の部分を切り、青々と茂っている葉は残して、葉の先からつるでつながっている袋だけを揚げたもの。別に大きめのグラスに固めのコンソメゼリーを張り、そこにクキを挿します。水挿しのような感じの鉢植え仕立てです。(アイディアが降りてきた時は、これだ！と思ったのですが、魚の活け造りのようで、ちょっと悪趣味ですね)

メインは「**ウツボカズラ**の天ぷら」です。形がよいものを、壊さずに揚げるのが肝《きも》！。

ご飯ものは「**ウツボカズラ**飯」。以前ココナッツミルクで炊いたので、今回は日本とマレーシアの親善《しんぜん》料理ということで、鶏五目《とりごもく》にします。

ウツボカズラの補虫袋をつかった舟盛りです。

デザートは、「**ウツボカズラ**のチョコレートコーティング」。南国の果物のパパイヤ、ドラゴンフルーツ、彩りにマカロンを添えます。

飲み物は、「**ウツボカズラ**カクテルスペシャル」。舌を噛《か》みそうな名前ですが、**ウツボカズラ**の捕虫袋を酒器《しゅき》にし、消化液をイメージして、マリブミルクをセレクトしたものです。実際の消化液は透明《とうめい》ですのであくまでもイメージです。

これに花を飾ったり、カクテル用の花火をつけようかとも思いましたが、グラスほど袋が固くないので断念しました。

共演には、イラストレーターで友人のありちゃんをおむかえし、一緒に料理をしました。

実用的ではない料理をしているからでしょうか。子供の時のオママゴトを思い出します。友達がドロ団子をつくっている間に、私は石で葉っぱをきざんでいるような。でも、これは、ちゃんと後で食べるのです。でも、気分はオママゴト♪

油を熱し、鉢植え仕立ての**ウツボカズラ**を、つるとつながったまま、鍋に入れました。熱でつるが切れてしまうかもと懸念《けねん》していましたが、つるは案外硬くて大丈夫です。ただし、揚げた**ネペンテス・アラタ**の袋がふにゃっとしてしまい、ちょっと見た目が良くありません。アラタの袋は揚げずに、中にオードブルっぽいものを詰めてもよかったかもしれません。ホタテとキャビアとか、タイ風の青パパイヤサラダ、ハチの子のソテーとか。

鉢植えに見立てたコンソメゼリーは、しっかり固まっていました。鹿沼土《かぬまつち》、赤玉土《あかだまつち》を模して、ナッ

ツ類を浮かべていますが、気づく方は果たしているのでしょうか。
「**ウツボカズラ**の天ぷら」「**ウツボカズラ**飯」は今まで一番いい出来。天ぷらは形よく揚がり、**ウツボカズラ**飯はつやつやと蒸し上がって、間違いなくおいしそうです。

ところが、このコースには思わぬ伏兵《ふくへい》が待ち受けていました。**ウツボカズラ**のチョコレートコーティングです。未開封の袋をさっと茹でて、チョコレートコーティングしようと思っていたのですが、茹ですぎると、形が保たれないのです。へにゃへにゃになった袋をかじって思いました。

「味はいいんだけど、これじゃ、コーティングできない」

仕方がないので、蓋が開いた袋を、時間を短めにして茹でました。ところが、今度は時間が足りずに、いかにも硬そうです。試しにかじると、繊維質《せんいしつ》で固く、食べにくいものでした。何度かチャレンジした後に、ちょうど良い茹で時間をつかみ湯煎《ゆせん》にかけて溶かしていたチョコレートに、どぼんとつけました。

全部つけたものと、下半分だけつけたものと二種類。どちらもかわいらしいです。最後に**ウツボカズラカクテル**を用意しておわりです。

**ウツボカズラ**を酒器にするのは、かわいいのですが、それ自体で立てることができないので、さらに**ウツボカズラ**の袋を立てるものが必要になるのが難点ですね。

コース料理を作り終え、撮影が終わり、スタッフが帰ったあとで、ありちゃんと一緒に試食です。
「うーん、まずくないね」

さすが中学からの友人です。まったく躊躇《ちゅうちょ》がありません。

「**ウツボカズラ**の天ぷらがいけるでしょう」

「そうだね。あっ、**ウツボカズラ**チョコ、チョコの部分がすっごいおいしいよ」

「……」

感想を言いながら、二人でまたたく間に食べました。後日、放映を見たところ、毎日食べているかのようにナレーションが入っていたり（毎日食べてるワケないだろ！）番組のリクエストでおまねきしたありちゃんのシーンが無断でカットになっていたりと、仁義《じんぎ》なき様相《ようそう》をしめし、ツッコミを入れたくなりました。

母からは「変わったものばかり食べているようだけど、体にはくれぐれも気をつけてね」と連絡がありました。大丈夫です、繰り返しますが毎日食べてはいません。

困った番組内容でしたが、コース料理に挑戦しつくりあげたことには我ながら満足で、やり尽くした気持ちになりました。

また、ロケ中に**ハエトリソウ**を生で食べたのですが、**モウセンゴケ**と同じく揮《き》発性《はっせい》の辛味があったのが、新しい発見でした。**ハエトリソウ**も**モウセンゴケ**科だからでしょうか。発見と情は別のところにあるのだと、しみじみ思ったのであります。

ウツボカズラ料理を
記念撮影!

ごめんなさい、食虫植物たち…
セミが可愛そう…
ウツボカズラの天ぷら
セミの串揚げ
ウツボカズラカクテル
ハチノコの小鉢
セミチリ

## Iさんの『大好き、食虫植物。』

いつも静岡から食虫植物愛好会の集会にきていた古参《こさん》のマニア・Iさんが、ぷっつりと姿を見せなくなりました。

Iさんは、毎回新幹線で会の終わり頃に姿をあらわし、分譲《ぶんじょう》品のジャンケン大会には必ず参加し、片っ端からすべて買いまくり、欲しい余剰《よじょう》苗であれば、子供相手でも譲ることはしませんでした。

それほど筋金入りのマニアだったのです。

風の噂で、長年勤めていた会社をリストラされたと聞きました。

食虫植物研究会の役員も辞任なさったので、Iさんを見かけることはなくなりました。マニアの中には足しげく来ていたのに、急に来なくなる人もいます。いなくなる方は突然のことが多いのも特徴です。

そんなIさんが、ある日の集会に、ふらりとあらわれました。

苦労したのか、雰囲気がずいぶん穏やかに、丸くなっていました。マイペースで、目立っていたのがのがウソのように、景色の一部になって、場に溶け込んでいます。まるで海辺に打ち寄せられ

た石のようです。

「おひさしぶりですね」

話しかけると、Ｉさんは、にこにこ笑っていました。髪の毛には、白いものがずいぶん混じっています。

「やっとこれるようになったんだ」

Ｉさんは手に握っていた黒いビニール袋から、一冊の本を取り出しました。

『大好き、食虫植物。』です。

「古本屋で見つけたんだよ」

古くなった『大好き、食虫植物。』は、しっとりとして、見ようによっては少しヨれていました。

ある種の人にとって、趣味は、単なる趣味である以上に、生きる支えなのです。私だってそうなんですよ、Ｉさん。

入手にわたり、使い込まれた本にＩさんの姿を重ねて、胸が痛くなります。

『サインを書いてよ」

「いいですとも」

サインを書きます。確か、Ｉさんは発売された直後も、新刊で買ってくれたのでした。

Ｉさんはサイン入りの本を嬉しそうにリュックにしまい、帰っていきました。元気でいてくれるといいなと思いました。

# 食虫植物の育て方

ここでは、食虫植物の育て方を、
代表的な属の普及種を例にとって紹介したいと思います。
食虫植物マニアの入り口へようこそ！

イラスト：木谷美咲

# ウツボカズラ

学名 *Nepenthes*

捕虫の仕組み

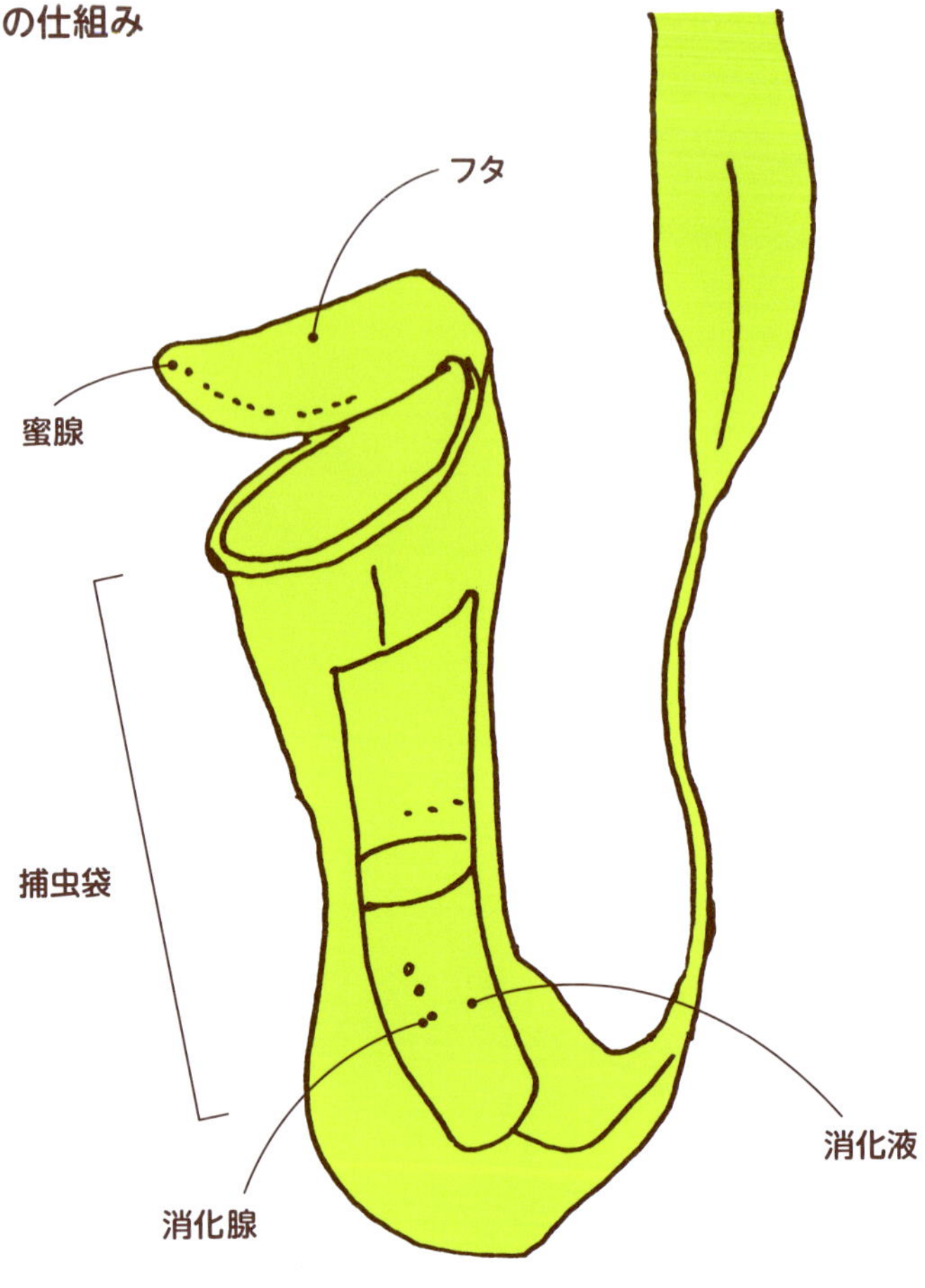




## ウツボカズラとは?

ウツボカズラ類は、ウツボカズラ科、ウツボカズラ属の植物のことで、壺状の捕虫器がついているのが特徴的な、つる性の食虫植物です。ボルネオをはじめとした東南アジア、マダガスカル、オーストラリアの一部まで分布し、約百五十種が確認されています。

## 捕虫の仕組み

壺状の捕虫器（葉身）の上部についた蓋の内側、蓋と壺の口をつなぐ部分から分泌される蜜で、虫を誘き寄せ、壺の縁から滑って落ちた虫を、壺の中にたまっている消化液で消化し、吸収します。捕虫器の内側はロウ質で、滑りやすく、虫がはいあがれない仕組みになっています。

気温が高い時は
外でOK。
冬はあたたかい場所で
管理してね。

## 育て方（四季の管理）

（※ここでは、よく流通している、ヒョウタンウツボカズラの育て方をご紹介します）

春から秋にかけて、屋外の日の当たるところに置きます。盛夏には、半日陰に移し、朝、晩水やりをして乾燥を防ぎます。冬は、10℃以上は必要なため、屋内の日の当たるところに取り込むか、温室で管理しましょう。

根が繊細なため、植え替えで調子を崩すことがあります。おすすめの用土は水苔です。5、6月に取り木、挿し木をするとよいでしょう。取り木の仕方は、茎を消毒した刃物で薄く表皮を削り、湿らせた水苔でくるみ、ビニールで外側から巻きます。発根のち、根の下から茎を切り、植えつけます。

# サラセニア

学名 *Sarracenia*

捕虫の仕組み

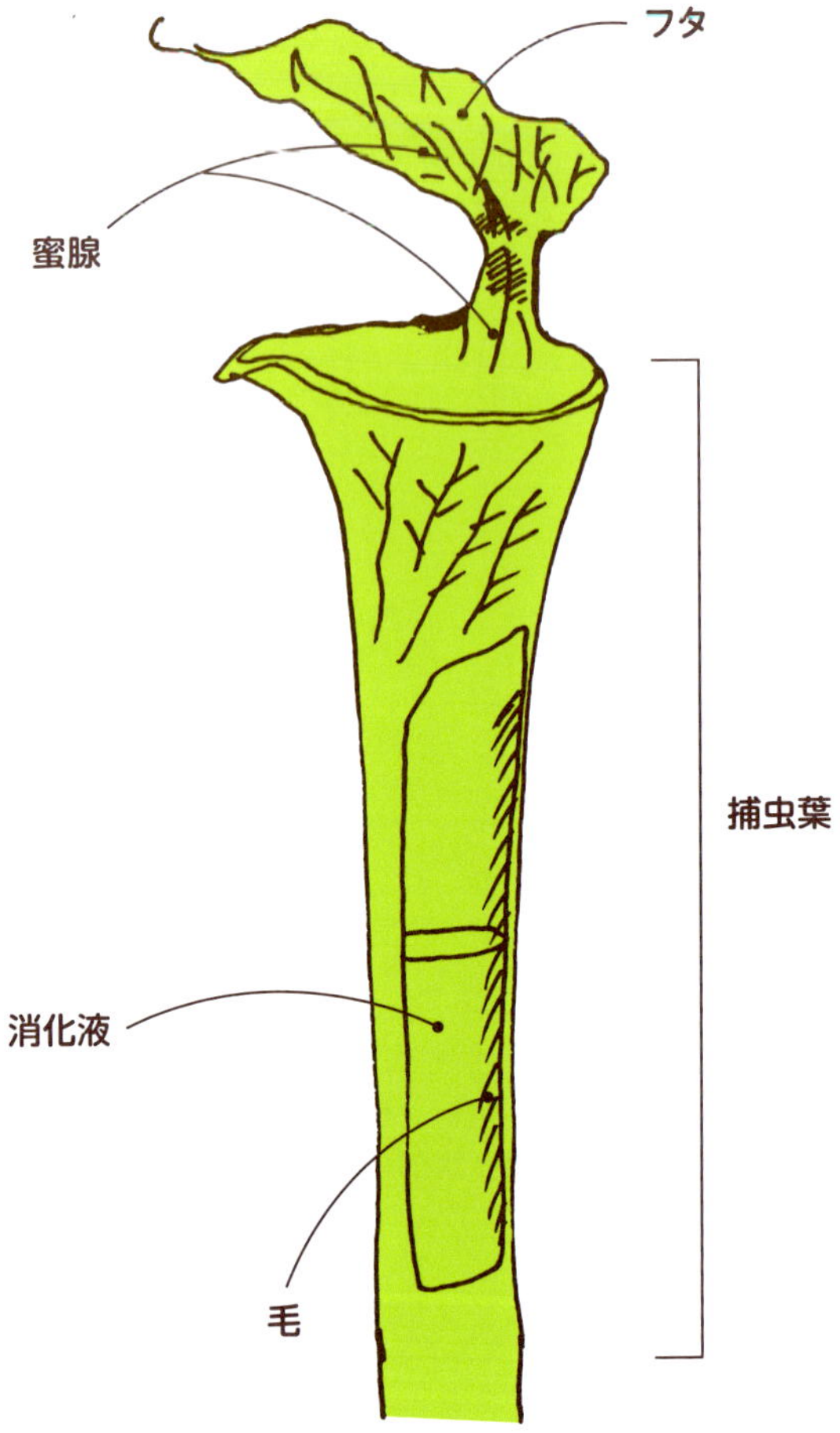




## サラセニアとは?

サラセニア類は、和名をヘイシソウといい、サラセニア科、サラセニア属の植物のことです。北アメリカ、カナダの一部の浅い湿地に自生しています。

筒状の葉が特徴で、葉の上部は、蓋のような形です。種により葉が立ち上がるもの、地面に沿って広がるものがあり、アラタ、フラバ、ルブラ、レウコフィラ、オレオフィラ、ミノール、プシタキナ、プルプレアの8種が確認されています。

## 捕虫の仕組み

蓋の内側から分泌される蜜で、虫をおびき出し、筒状の葉の中に落ちた虫を、消化液とバクテリアの力で溶かして、消化、吸収します。葉の内側には、下に向かって毛がが生え、虫がはいあがれない仕組みになって

## 育て方（四季の管理）

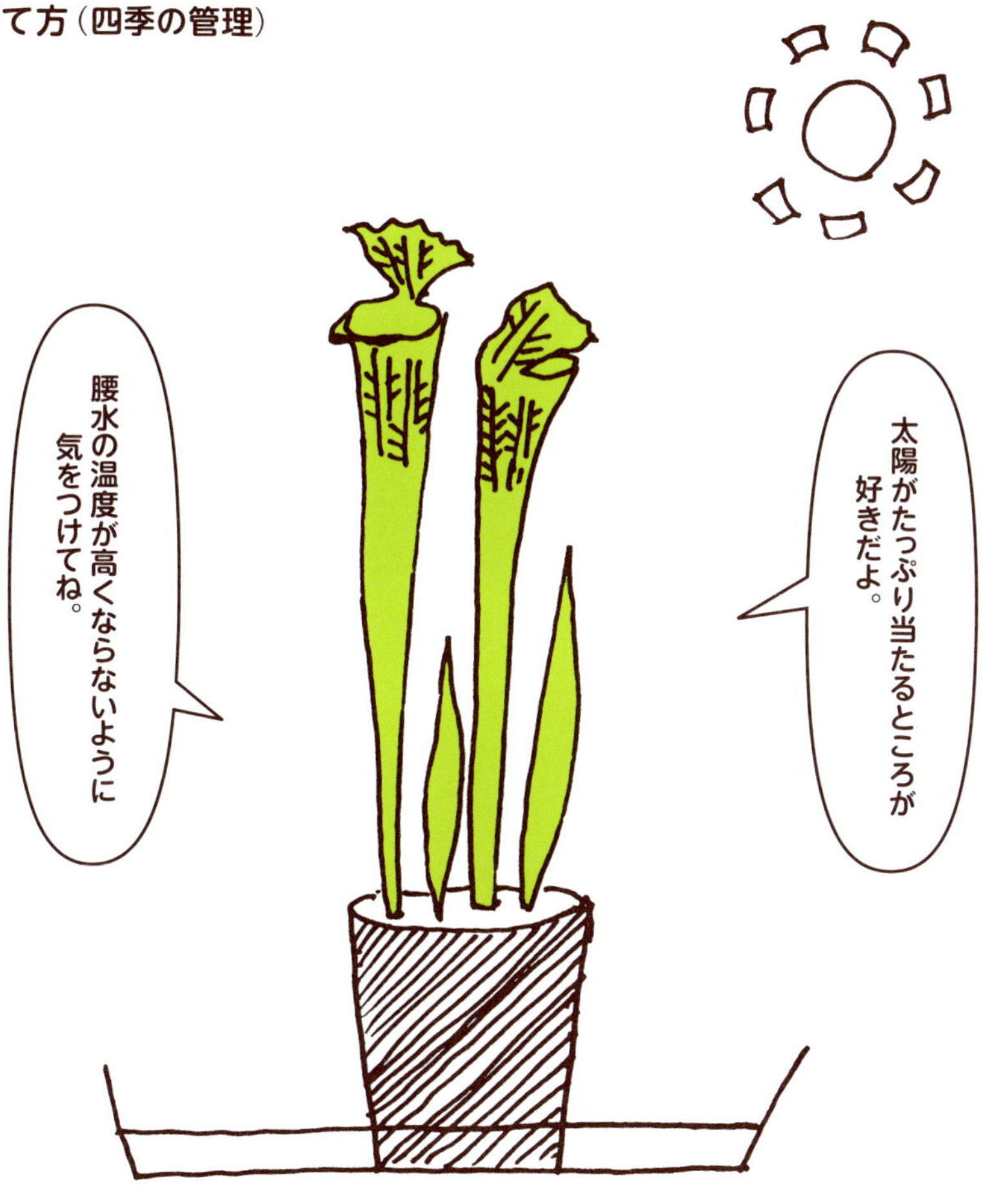
太陽がたっぷり当たるところが好きだよ。
腰水の温度が高くならないように気をつけてね。

います。

## 育て方（四季の管理）

春から秋にかけて、屋外の日の当たるところに置きます。サラセニアは水切れに弱いので、受け皿を用意し、水を浅く張り鉢底を浸けます。常に水が入っている状態にするために、注ぎ足しましょう。盛夏は、水切れしやすく、受け皿の水も高温になりやすいので、早朝や晩に冷たい水を、土の上からかけて、冷やします。5月に新芽が出る前に花茎がのびて、赤や黄色のユニークな花を咲かせます。

冬は休眠期に入ります。この時期に植え替えや株分けをしましょう。植え替える用土は水苔、ベラボン＋鹿沼土の混合用土、鹿沼土＋赤玉土＋ピートモス＋パーライトの混合用土がおすすめです。

# ハエトリソウ

学名 *Dionaea muscipula*

捕虫の仕組み

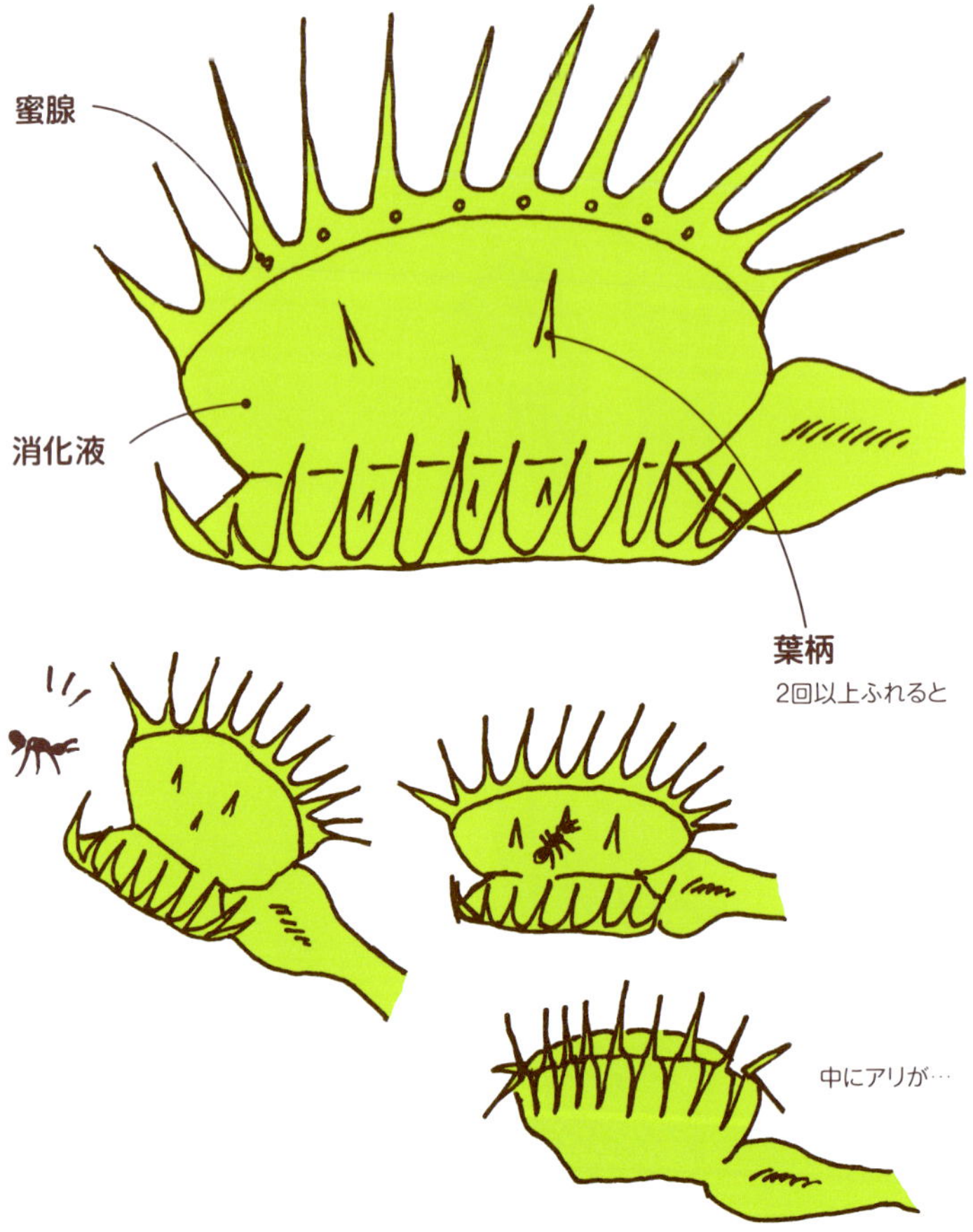


## ハエトリソウとは？

ハエトリソウは、二枚貝状の捕虫器、それを縁取るまつ毛のようなトゲが特徴的な食虫植物です。北アメリカのノースカロライナ、サウスカロライナの湿地に自生し、捕虫器の内側には、両側にそれぞれ三本ずつ「感覚毛」と呼ばれるトゲが生えています。一属一種で、個体により葉が立ち上がるもの、地面に沿って広がるものがあります。

## 捕虫の仕組み

捕虫器に生えている「感覚毛」に、虫を確実に捕えるために、短い間隔で2回以上刺激を受けることで、二枚貝状に開いた葉が合わさるように閉じます。閉じる速さは0.5秒と速く、虫を捕えた後は、閉じた葉の内側の消化腺から消化液を分泌し、1週間程かけて消化し、吸収します。

太陽にたっぷり当ててね。
冬は屋外で寒さに当てて、
休眠させてね。



## 育て方（四季の管理）

春から秋にかけて、屋外の日の当たるところに置きます。ハエトリソウは水切れに弱いので、受け皿を用意し、水を浅く張り、その中に鉢底を浸けます。常に水が入っている状態にして管理します。盛夏は、水切れしやすく、受け皿の水も高温になりやすいので、早朝や晩に水やりして、温度上昇を防ぎます。初夏に株の真ん中から花茎がのびて、白い花を咲かせます。

冬は休眠期に入るので、この時期に植え替えや株分けをしましょう。用土は水苔か鹿沼土＋赤玉土＋ピートモス＋パーライトの混合用土がおすすめです。

# ムシトリスミレ

学名 *Pinguicula*



捕虫の仕組み

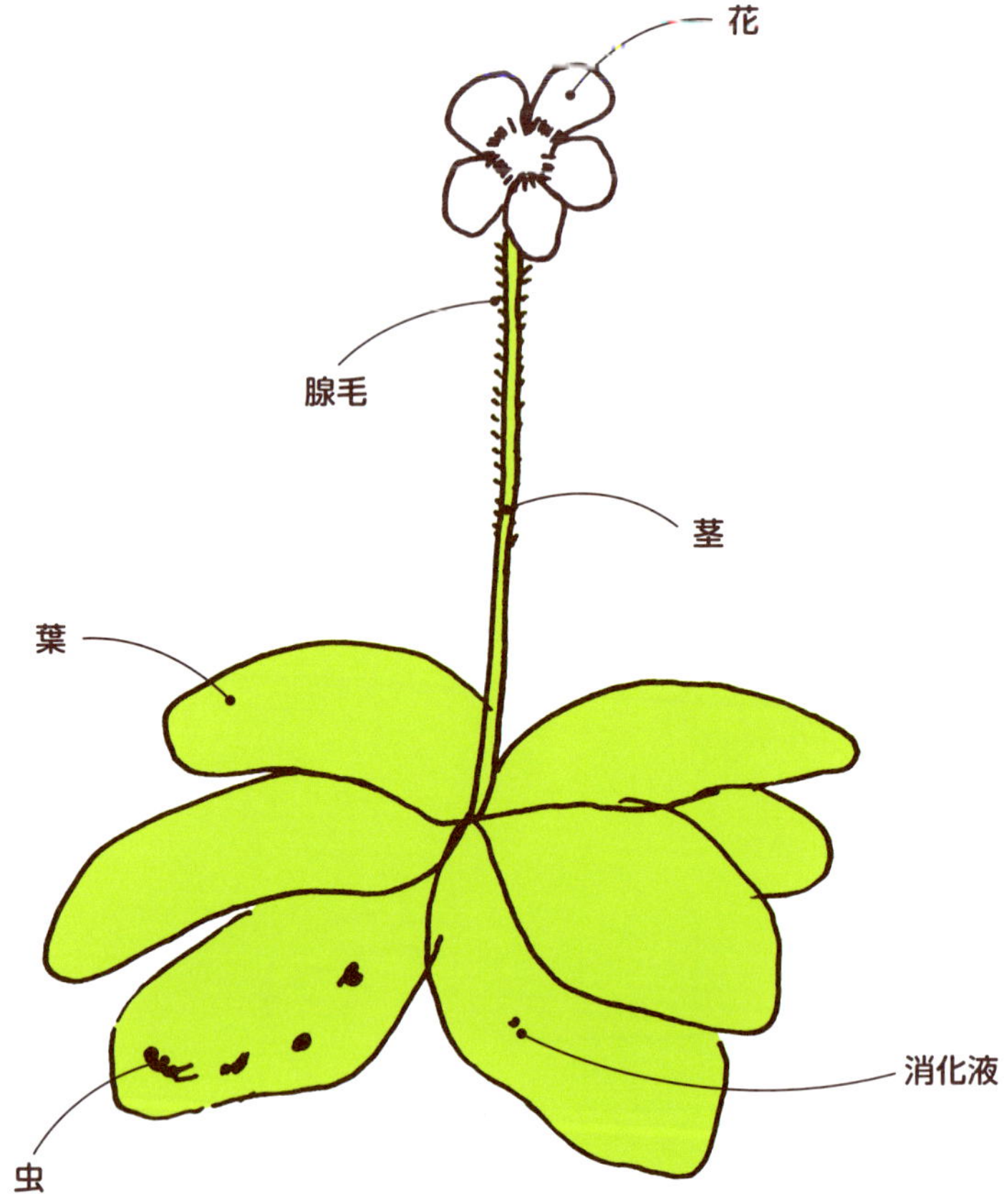


## ムシトリスミレとは？

ムシトリスミレ類とは、レンティブラリア科、ムシトリスミレ属の植物を指し、世界中に広く分布し、主にアジア、ヨーロッパ、アメリカ大陸に自生しています。約90種類が確認され、日本にもムシトリスミレ（ムシトリスミレ類の中の、ムシトリスミレという種）、コウシンソウが自生しています。可憐な花を咲かせるのが特徴で、交配種が多く作られ、山野草愛好家にも人気です。

## 捕虫の仕組み

葉にびっしりと生えた細かな腺毛から、粘性のある消化液を出して、虫を粘り着けて捕えます。捕えた後は、ゆっくりと時間をかけて消化、吸収します。

## 育て方（四季の管理）

暑いのが苦手だよ。
風通し良く、
蒸れないような場所で
管理してね。

←葉挿しした葉から芽が出ているところ

## 育て方（四季の管理）

（※ここでは、よく流通している、ヒメアシナガムシトリスミレの育て方をご紹介します）

春から秋にかけて、屋外の、雨が当たらない半日陰に置きます。用土は、常に湿っている状態にはせず、乾いたら、水やりをします。特に夜間に水やりをすると、蒸れにくく、調子も良くなります。冬は、越冬ロゼットを作ります。土が凍らない程度であれば、屋外に置いたままで大丈夫です。

殖やし方は、葉挿しと実生ですが、葉挿しが容易で、葉を株から外して、用土の上に葉を置くだけで、新しい芽が葉から出てきてよく殖えます。植え替える用土は水苔、鹿沼土＋軽石の混合用土がおすすめです。

# モウセンゴケ

学名 *Drosera*



捕虫の仕組み

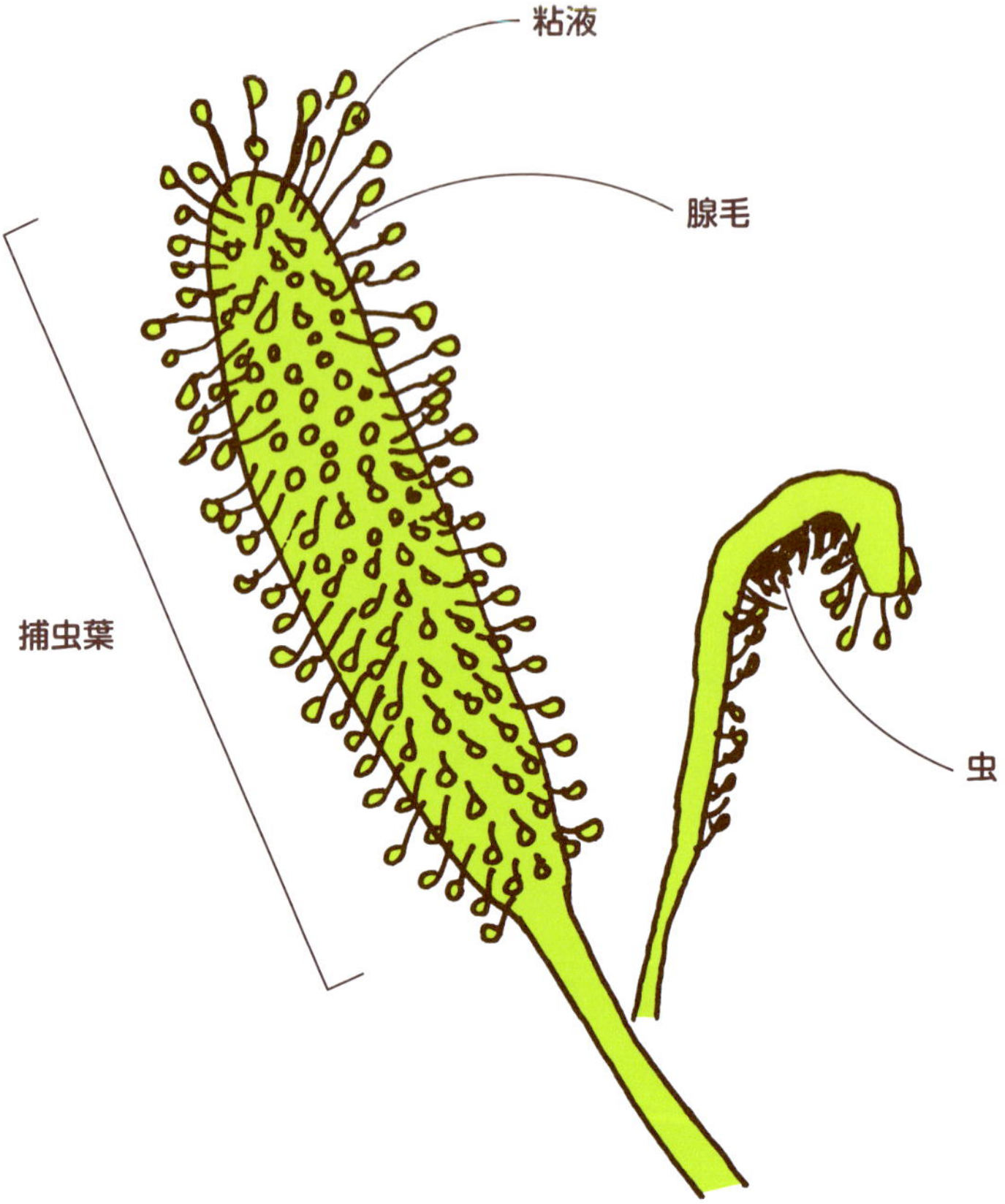


## モウセンゴケとは?

モウセンゴケ類は、モウセンゴケ科、モウセンゴケ属の植物を指します。コケと名前についていますが、苔の仲間ではありません。世界の温帯から、亜熱帯にかけて広く分布し、約二百種が確認されています。

種によって草姿、葉の形も様々ですが、共通するのは、葉に腺毛が生え、そこから粘液が分泌されることです。

## 捕虫の仕組み

葉にびっしりと生えた細かな腺毛から、粘性のある消化液を出して、虫を粘り着けて捕えます。捕えた後は、ゆっくりと時間をかけて消化、吸収します。種によっては、捕えた虫を葉が巻き込むこともあります。

## 育て方（四季の管理）

空中湿度が高い場所が好き。
囲って栽培すると、きれいに粘液が出るよ。

## 育て方（四季の管理）

（※ここでは、よく流通している、アフリカナガバモウセンゴケの育て方をご紹介します）

春から秋にかけて、屋外の日の当たるところに置きます。乾燥や風に弱いので、水槽やビニールケースの中に鉢を置き、一、二センチくらい水を張ると、調子が良くなります。盛夏には、半日陰に移し、水の温度が上がり過ぎないように気をつけましょう。冬は、土が凍らない程度であれば屋外で大丈夫です。ビニールケースで多少保温すると、春からの生長が良くなります。

春か秋の気候が穏やかな時期に植え替えや株分けをしましょう。植え替える用土は水苔、鹿沼土＋赤玉土＋ピートモス＋パーライトの混合用土がおすすめです。

# 栽培ノート

# 栽培ノート

# おわりに



『私、食虫植物の奴隷です。』を書くにあたって、いちばん最初に、編集の福島由美子さん、営業の佐藤政実さんに「好きなように、思うままに書いて下さい」と言われていました。「好きなように」……、なんて魅惑的な響きでしょう。感激で涙が出そうになりました。

何度も「本当に、なんでも好きに書いていいんですか」と聞き直しましたが、そのたびにお二人は頷くのです。

また現在使っているペンネーム「木谷美咲」の方にも変えていただきました。なぜ、木谷美咲なのか。私は、私の名前も、自分の手で生み出したかったのです。そうすることで、私は本当に自分自身になれるように思うのです。

そして、木谷美咲として、ほんっとうに好き放題に書きました。最初は多方面に配慮して書いていたのを、途中から自分に対するリミットを外して、心の内側からあふれてくるものを、文にしていきました。書いているうちに、たくさんの忘れていたことを思い出し、食虫植物の魅力にも改めて思いを馳せました。

思えば、あっという間の9年間です。食虫植物にまみれた日々でしたが、結局なんで、これほどまでに好きかはわからないままです。しかも、育てるのも大して上手くなっていない、園芸家としては、万年初心者のままです。

でも、食虫植物への愛情はまったく変わることがなく、むしろ更に愛情は深くなっています。まあ、「そんなに愛しているのなら、愛するものを食べるなよ」と、自分にツッコミたくはなりますが。しかし、私の体の一部となりました。

そんなこんなで、書き終えた今、本書は、濃縮した自分になったように思います。

私の活動を支えてくれた家族、永田さん、同じく食虫植物を愛するマニアの皆様、水曜社の福島さん、佐藤さん、デザイナーの井川さん、イラストレーターの田川さん、そして、なにより、おしまいまで、「私」を読んで下さった皆様に、厚く御礼を申し上げます。

木谷美咲

**木谷美咲**（きや・みさき）

食虫植物愛好家／文筆家。1978年東京都生まれ。著書に『大好き、食虫植物。』（星野映里名義：水曜社）『マジカルプランツ』（山と渓谷社）『月の光で野菜を育てる』（永田洋子氏との共著／VNC）『奇想 食虫植物小説集 疾走！ハエトリくん 他二篇』（ヤマケイ&インプレスクイックブック）など。「タモリ倶楽部」、「中川翔子のマニア☆まにある」、「ワケありレッドゾーン」などTV・ラジオ、イベント出演など多数。【著者ブログ】「革命的植物宣言」

イラスト：田川秀樹
デザイン：井川祥子

スペシャルアドバイザー：香川隆晃、救仁郷豊
写真提供：平野威、林昌宏、ムシモアゼルギリコ、坂本匡一、政田具子、長田健太郎、川北俊夫（サラセニア牧場）

［写真詳細］
P.73, 74 ムシトリスミレ（切り抜き）：林昌宏
P.75,138-141：長田健太郎
P.99：政田具子
P.113,115：坂本匡一
P.129：平野威
P.178-180：川北俊夫
P.211：ムシモアゼルギリコ

# 私、食虫植物の奴隷です。

発行日：2014年7月31日　初版第1刷
著　者：木谷美咲
発行人：仙道弘生
発行所：株式会社 水曜社
〒160-0022 東京都新宿区新宿1-14-12
TEL：03-3351-8768　FAX：03-5362-7279
URL：www.bookdom.net/suiyosha/
印刷所：図書印刷株式会社


ISBN 978-4-88065-341 9 C0077